看得见的
心理成长

如何掌控情绪，发现自我

方心 著

中国法制出版社
CHINA LEGAL PUBLISHING HOUSE

前言

欢迎你来到心理游戏训练世界！
在这里你会越来越了解自己。
稳健成长，
你会为自己感到骄傲。
也许我们相见恨晚，
但是晚见，
总比不见好，
不是吗？

随着心理学的普及，越来越多的人开始通过阅读的方式来增加心理学知识。但是综观市场上的心理学书籍，大都以理论为主，读者能看到的解析真实案例的心理学书籍少之又少。

这并不是因为心理学家和心理咨询师不愿意将自己的个案分享出来，而是因为心理咨询有保密协议，不经过当事人同意，咨询师并不能将自己经手的案例公开。

为此，我花了四年的时间来建立一份愿意公开案例的来访者档案，直至收集到书中这些具有代表性的案例，最终才系统创作

看得见的心理成长
如何掌控情绪，发现自我

成书。

感谢书中来访者对我的深厚信任，愿意将我们的咨询真实案例分享出来，帮助更多有需要的人。但是出于尊重，我依然将书中的案例进行了改编，虽然隐去了真实姓名，但呈现了案例中来访者的真实问题和改变后的真实状态。

感谢黄老师与我探讨出以游戏的方式来创作这本心理成长图书。我个人就是一听大道理就头疼的人，书中的形式我很喜欢，避免了空洞的说教，以临床实践经验加上有趣的游戏设计，能更好地使读者获得全新的心理成长体验。

这本书的整体结构，是根据我在临床咨询中的咨询环节设计的，分为发现自我和探索内心两大部分。这样的设计有助于读者先看见自己的人生经历，然后处理情绪，学习更多心理技能，最终达到心理成长的目的。

通常，发现和探索的过程，也许不让我们感到开心。因为发掘内在的伤痛，感到清醒，很多时候难以忍受。所以，本书规避了"只管挖，不管埋"的弊端，在每一个看见创伤的案例后，都补充了有效的自我调节的方式和方法，有助于读者修复创伤。同时，本书在此基础上添加了许多发现自身美德和优势的篇幅，有助于读者从创伤中走出来，拿到心理钥匙疗愈自己，升华心境，提升心理品质。

这本书不是心灵鸡汤，而是通过游戏的方式融合各类心理学技术，帮助读者获得更加有趣的活法。读者学习之后不仅可以帮助自己，也可以帮助更多有需要的人。这本书可以作为心理学自我调节秘籍常伴左右。

现在越来越多的人开始重视心理健康，这是一件非常棒的事情。因为只有我们的心理品质得到保障,我们才能更好地生活。

希望读者阅读完这本书,能拥有属于自己的独一无二的收获。

本书游戏规则:

1.好好放松自己。

2.尽情了解自己。

3.如果你是独自一人完成练习,要记得多抱抱自己;如果你不是独自一人完成练习,要记得多拥抱和你一起心理成长的伙伴。

4.每做完一个心理游戏练习,要记得奖励自己。

目录

上篇　发现自我 / 001

CHAPTER 1　你疯了？不，你没疯！ / 003
自我怀疑：处在崩溃边缘，我是不是疯了？ / 003
你疯没疯，马斯洛给你指导 / 008
国内心理异常标准：审视自我 / 014
弹性认知：心理健康的人，也有不健康的时候 / 019
心理测量表：0—10分，你给自己的心理健康状况打几分？ / 022

CHAPTER 2　你是谁？你未必知道 / 030
生存模式构建：你父母的抚养方式是怎么样的？ / 030
喜好测试：最喜欢谁&最讨厌谁 / 036
瓦解防御机制：别害羞，说说你的情感史 / 041
自我剖析：最擅长的&最不擅长的 / 046
情绪比重：现在，你的状态怎么样？ / 051

CHAPTER 3　你能接受自己吗？ / 058
脱敏疗法：你最不能接受哪些方面？ / 058

心理评估：你喜欢自己吗？ /064

气质类型评估：你了解自己的先天属性吗？ /069

积极品质测试：你的身上藏着钻石 /072

人本主义：需要的层次，你在追求哪几层？ /078

精神分析：你的身体里，藏着几个不同的自己？ /083

CHAPTER 4 世界·不安·温度 /089

自我投射：为什么你没有安全感？ /089

没有安全感的人，如何建立安全系统？ /093

满灌疗法：杀死那只猴子 /099

对抗恐惧：那些害怕的事情真的值得害怕吗？ /106

习得性无助：害怕未知怎么办？ /111

正强化：你比看上去厉害 /116

下篇 掌控内心 /125

CHAPTER 5 自我价值：我就是我！ /127

初心理论：个人理想真的虚无缥缈吗？ /127

角色认同：社会理想是束缚吗？ /131

三种自尊：你的自尊属于哪一种？ /136

目标拆解游戏：设立属于自己的目标其实很简单 /140

想告别拖延症？你需要认知行为疗法 /145

自信心训练：你需要的四个诀窍 /149

CHAPTER 6 靠近爱：如何拥有满意的人际关系？ /155

爱情的七种模式、四个阶段：它到底长什么样子？ /155

目录

亲情四部曲：永恒的温度　　　　　　　　　　/ 161

友情三部曲："嘿，我们是朋友"　　　　　　　/ 166

职场人际：同事之间不一定是宫斗剧　　　　　/ 169

有效建立新的人际关系：你好，陌生人　　　　/ 174

CHAPTER 7　喜怒无常的情绪小怪兽　　　　　/ 178

基本情绪理论：你才是情绪的主人　　　　　　/ 178

为什么一生气就想打架？因为愤怒情绪控制了你　/ 184

自我和解："嗨，我叫快乐""哦，我是悲伤"　　/ 189

和负面情绪说再见：1个问题+7个角度　　　　 / 192

外置疗法：你到底知不知道，你想要什么？　　/ 198

CHAPTER 8　爱着·活着　　　　　　　　　　/ 206

悦纳自己：每个人的情绪和情感都是动态的　　/ 206

心理游戏：如果你有一盏神灯，你希望未来变成什么样子？　　　　　　　　　　　　　　　　/ 209

角色切换游戏：生活可以很简单　　　　　　　/ 214

表达游戏："你好，其实我是一个诗人"　　　　/ 220

幸福的15种工具　　　　　　　　　　　　　　/ 224

心理成长轨迹图

上篇
发现自我

CHAPTER 1　你疯了？不，你没疯！

你也许经历过歇斯底里的状态，控诉对周围一切的不满。你也许经历过无尽的悲伤，心中充斥着对一切的失望。你也许经历过内心如一潭死水，对什么都提不起兴趣。不论是哪一种情况，你都会担心再这样发展下去，自己可能会疯了。如果出现以上情况，根源往往是对自己当下的心理状态不了解。这一章主要通过各种心理评估标准，了解我们当下的心理状态，避免错误地为自己贴上"不正常"的标签。

自我怀疑：处在崩溃边缘，我是不是疯了？

（上）

（根据心理咨询的保密原则，以下案例已经作了化名处理，并进行了相应的改编。）

晓晓，今年30岁，在化妆品公司做销售主管。她的业绩一直很好，但是2020年因为疫情的影响，业绩下滑，她感觉领导不像以前那般重视自己了。过去，领导会在她需要帮助的时候，给她出谋划策，而今年领导对她漠不关心，许多问题需要她自己摸索着处理。这样的落差让她心里十分难过。

她开始为自己做打算，想要提升学历，在行业内谋求更好的发展。她是大专学历，今年备考成人高考，但是考试发挥不理想。

考试当天，因为前排的考生缺考，她被分在第一排，这让她十分紧张。考完之后，晓晓在网上查了答案，发现自己错了很多题，她感到十分沮丧。她想给母亲打电话寻求安慰，但是母亲对她说："你现在年纪已经很大了，还没有结婚，而且工作也不稳定，你说你以后怎么办啊？"这让她更加难受了。

晓晓挂了电话，越来越焦虑。这个时候她听到公寓楼上传来一阵阵声音。

（中）

这个声音晓晓不是第一次听到了。近半年内，她时常听见自己所住的公寓楼上发出噪声，备受其扰。起初是因为尖锐刺耳的高跟鞋踩地板的声音。那个声音会在每天早上7点左右传来，大概持续了1个月。后来不知道什么原因，噪声消失了。年初的时候，楼上的声音变成了每晚挪动桌子的响动，那很响的吱吱声给她的感觉好像是在贴着墙挪动。挪动的声音一般在晚上9点到10点出现，有时候是晚上11点左右。挪动的时间不长，每次持续8—10分钟。

晓晓起初只是心里反感，但是最近不知道怎么了，做什么都没心思。一到晚上就开始关注楼上的声音什么时候开始响。过去，她工作结束回到家倒头就睡；现在，她躺在床上怎么也睡不着，眼睛直直地盯着天花板，等待着那个声音出现。

晓晓过度关注噪声的状态持续两个月了，她每天都为此感到神经紧张。晓晓发现自己过于关注楼上的噪声，担心自己是不是"有病"，于是开始在网上不停地搜索资料。

但是网上的讯息并不靠谱，一个小感冒都可能查出癌症，没病都被吓出病了。晓晓也是如此，她搜出来的结果是：怀疑患有精神分裂症。

这下晓晓更加崩溃了，担心自己是不是真的疯了，于是寻求心理咨询的帮助。

（下）

晓晓自然是"没病"的。她的心理是正常的。只不过一个人的心理承受能力是有限的，如果同时发生太多负面事件，可能让人面临崩溃的风险，但是这不意味着我们"有病"，而是一个很好的信号，说明我们某些方面需要进行调整。

晓晓的情况从表面上看来是因为噪声导致的过度敏感，其实深层次的原因是生存焦虑。她在一段时间内经历了职场的成就感丧失和考试失利，又听到母亲强调了自己最恐惧的部分（婚姻和事业）。这几个问题都是晓晓暂时解决不了的，而过度关注楼上的噪声，成为晓晓这段时间转移焦虑的"最优选择"。

于是晓晓开始关注噪声，虽然很难受，但是好处在于她暂时不用思考生活中的重大问题。相比面对生活中的重大问题难以化解的痛苦，关注噪声的痛苦显得更容易承受。

如今，晓晓在积极面对生活中真正需要解决的问题。她通过一段时间的心理成长，意识到考试失利只是某个阶段的挫折，只要下次更充分地准备考试，便有信心顺利过关；而职场上的变化，是因为领导今年也存在生存焦虑，所以心态发生了一些变化，晓晓表示能够理解和接受；关于母亲说的一番话，因为投射的是自己最恐惧的事情，导致自己变得过度敏感。其实母亲不是存心让她难受，只不过是想和她一起探讨未来的规划。她只要让母亲明白她已经是成年人，有能力处理好自己的事情，母亲便能适当地减少对她的"过度关心"。

晓晓需要直面自己内心的恐惧，看清真正需要处理的问题并进行疏导，她强迫性地关注噪声的情况自然会随之消退。她的情况需要先处理情绪，再处理事件。处理负面情绪中自我怀疑的部分，最重要的是进行自我肯定。经过多次练习，晓晓处理好了情绪。她后来找到物业沟通，给楼上送了几个消音垫，问题迎刃而解。

【心理成长练习】

这个训练的目的在于强化自我肯定的感受，从而逐步打消对自己的怀疑。

【强化训练】——自我肯定

写下你所擅长的事情。

_____

_____

_____

写下你所获得的荣誉。

_____

_____

写下你被他人认可的优点。

_____

_____

写下那些鼓励你、支持你想法的朋友的名字,找他们好好聊一聊。

_____

_____

当你再次获得成就感的时候,记录当时的感受,并将成功的原因列出来。

_____

_____

接下来我们玩一个心理游戏,这个游戏的目的在于帮助我们直面内心所担忧的事情,试着成为自己的心理咨询师,为自己进行情绪疏导。

游戏开始:请闭目养神,放松身体,思考自己当下担忧的事件,然后睁开眼,记录下来。每记录完一件担忧的事件之后,都在最后添加以下两句话：

此刻我正在经历挫折，但是没关系。

无论现在发生什么事，都只是我人生的一段历程而已。

1. _____
   _____
   _____

2. _____
   _____
   _____

3. _____
   _____
   _____

4. _____
   _____
   _____

5. _____
   _____
   _____

你疯没疯，马斯洛给你指导

著名的心理学家亚伯拉罕·马斯洛是第三代心理学的开创者、人本主义心理学的代表人。关于心理健康问题，马斯洛有以下10条标准，读者可以根据自身情况，为当下的心理状况进行评分。

（上）初级版

评分标准：0—10分。（0分为最不满意，10分为最满意。）

（1）充分的安全感；　　　　　　　　　　　（　　）

（2）充分了解自己，并对自己的能力作适当的评估；（　　）

（3）生活的目标能切合实际；　　　　　　　（　　）

（4）能与现实环境保持接触；　　　　　　　（　　）

（5）能保持人格的完整与和谐；　　　　　　（　　）

（6）具有从经验中学习的能力；　　　　　　（　　）

（7）能保持良好的人际关系；　　　　　　　（　　）

（8）适当的情绪表达与控制；　　　　　　　（　　）

（9）在不违背集体要求的前提下，能有限度地发挥个性；

（　　）

（10）在不违背社会规范的前提下，能恰当地满足个人需求。

（　　）

（注：以上为心理学家马斯洛提出的心理健康标准，以下的心理测试分值评估为笔者在开展心理咨询工作中积累的经验，测试结果仅供参考。如果测试人发现自己情况严重，建议尽早去医院进行咨询。）

以上10项标准，分值评估如下：

平均分低于4分，说明你当下的心理健康水平较低，需要进行一定时间的情绪疏导，或者尝试通过心理咨询进行调节，使自己的心理恢复到一个较好的状态。

平均分为5—6分，需要引起重视，建议尝试一些放松的方式。可以尝试通过运动、写情绪日记等方式进行调节，可适当借助心理咨询提升心理调节能力。

平均分为7—8分，说明你当下的心理健康水平良好，本身具有较好的调节能力。

如果平均分超过8分，说明你的心理健康水平较高，希望你继续保持。

【心理探索练习】

请在下面写出以上10条标准得分、失分的原因。

1._____
2._____
3._____
4._____
5._____
6._____
7._____
8._____
9._____
10._____

（中）进阶版

心理学家马斯洛有个著名的需要层次理论，是金字塔形的，表现出人的需要是从初级到高级，从物质层面到精神层面的，直到个体实现自我价值，获得满意的成就感。

我们一起来看看需要层次理论的概述图。

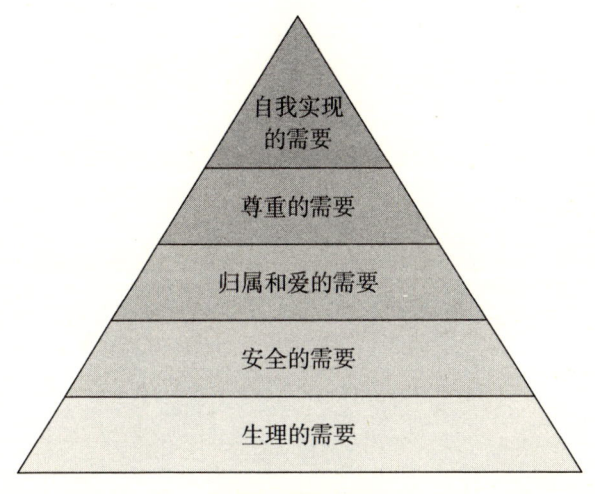

```
        自我实现
         的需要
        尊重的需要
       归属和爱的需要
        安全的需要
        生理的需要
```

马斯洛需要层次理论

随着马斯洛对人性了解的深入，需要层次理论在后期有所调整，从金字塔形演化成波浪形。下图为马斯洛需要层次演进图。从下图我们可以看出马斯洛在后期对人性有了更加乐观的看法，认为人可以在同一时期追求不同的需要。比如，一个大学生，没有通过工作获得社会价值，依然可以收获爱情；一个艺术家，虽然生活拮据，但是依然会通过创作来实现自我价值；一个做着社会底层工作的人，内心也希望获得领导的赏识、社会的尊重。

看得见的心理成长
如何掌控情绪，发现自我

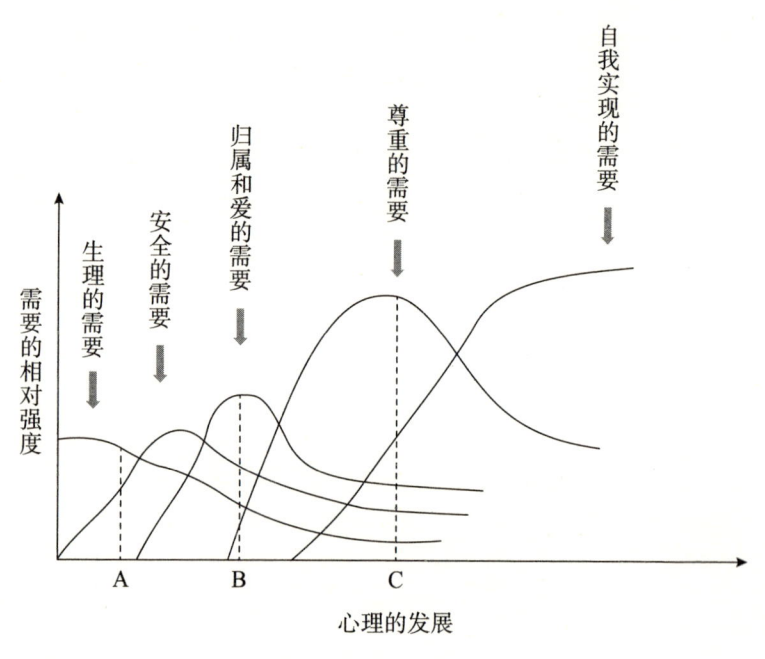

马斯洛需要层次演进图

【心理探索训练】

请在下面空白处写出你在同一时期，追求了哪几类需要，并写出你为了实现不同的需要所采用的方式和方法。

_____
_____
_____
_____
_____
_____

（下）自我完善版

在了解了马斯洛的健康标准，知道自己可以在同一时期追求不同的需要之后，我们一起来看看心理学家马斯洛心中自我实现者的人格特征。也许有些特征我们现在还不具备，但是无须担忧，我们可以尝试将它们作为完善自我的推动标准。

（1）能充分准确地觉知现实。

（2）能充分地接纳自然、自己与他人。

（3）坦诚、真诚地待人。

（4）解决问题从问题出发，而不是从自我出发。

（5）对独处、思考、自省有一定的需求。

（6）不随波逐流。

（7）具有欣赏美的能力。

（8）对人充满善意和爱心。

（9）重情重义。

（10）能够透过现象看本质。

（11）有民主、公平的精神。

（12）能很好地区分手段与目的。

（13）具有较高的创造性。

（14）幽默、风趣。

（15）拥有难以形容的高峰体验。

以上的标准，每一项都值得探索。许多心理学家将其作为一生的探索标准，目的在于实现自我价值之后寻求更高层次的体验。超自我价值实现也就是马斯洛所称的"高峰体验"。获得高峰体验的人，部分时刻是平静的，但是偶尔会出现狂喜的体验，那种感觉犹如孩童般的愉悦，是一种对自身超高的认可，对生命超高的满足体验。

这个成长过程可以解读为：天真—世故—天真；简单—复杂—简单。这和中国式哲学态度——返璞归真、大道至简有着异曲同工之妙。

这一节内容的目的不仅仅在于帮助大家测试自己的心理健康水平，更多的是帮助大家了解自己的心理状态之后，为大家提供一个自我成长的方向。希望每一个读者都能找到自我实现之后，突破自我实现、超越自己价值的前进方向。

国内心理异常标准：审视自我

在心理学的评估标准里，心理异常类似于众人所指的"这个人疯了，神志不清了"。在国内有许多专家对心理正常和心理异常作出了区分标准。下面的案例故事可以帮助大家区分心理正常与异常。

（上）

故事一（心理异常）

主角今年39岁，男性。在某一天开车去上班的路上，他突然听见电台里面有骂自己的声音。骂得一句比一句难听。他很气愤地关了收音机，那个骂自己的声音就停止了。他到公司之后，感觉公司里的人看自己的眼神不一样，他怀疑领导和同事都听见了那个电台的声音。在午休的时候，他去茶水间，发现同事们都有说有笑。他内心十分恼火，觉得刚才同事们一定在议论自己。

现在公司待不下去了，车也不能再开了。接下来的日子，他宅在家中，没想到情况越来越严重，他不听电台的声音，不和同事打交道，也能听见四面八方传来骂自己的声音。

太太发现他的情况不对劲，想给他买一份礼物，这份礼物是他以前很喜欢的。但是收到太太的礼物时，他没有觉得很开心，反而十分痛苦。他一直歇斯底里地问太太是不是想害自己。

之后，太太发现原本节俭的他开始变得挥霍浪费，每天带着一家老小去豪华餐厅吃饭。虽然家里并不富裕，但是他在吃饭的时候一定要点一大桌子菜，还不让打包。如果他的父母要求打包，他会在餐厅掀桌子。一家人因此苦不堪言。

故事二（心理正常）

主角今年39岁，男性。在开车上班的路上，他发现电台在说关于中年危机的事情，他感到很沮丧，有些焦虑。现在的他上有老下有小，他感觉自己压力很大。到公司之后，他看见同事在茶水间有说有笑，感觉有些难受。这些年因为他事业发展很不顺利，导致许多同事看不起他。但是他觉得情有可原，毕竟在职场上，大家都是趋利避害的。

回到家中太太看自己不开心，拿出给自己准备的礼物，他感到很温暖很开心。他想自己还有个温暖的家，有个体贴自己的太太，自己的人生倒也还算过得去。

到公司之后，他找到领导，询问能不能给自己安排具有挑战性的工作，他对领导说：现在的自己已经振作起来了，是时候再为公司做些什么来证明自己的价值了。过去他能做到，相信接下来通过努力他也可以做到。

（中）

根据以上两个不同版本的心理状态我们可以看出，故事一的主角心理存在异常情况，故事二的主角心理是正常的。心理正常与异常状态的区分标准主要表现为以下三点。

1. 是否存在清晰的自知力

故事一中的主角丧失了自知力。自知力是检验心理是否正常的一个重要标准。正常人不会认为收音机中会出现别喝人骂自己的声音，故事一中的主角存在幻听的情况，并且泛化严重。

故事二中的主角有清晰的自知力。能够客观地看待同事对自己行为的前因后果。虽然主角因为职场不顺利出现了一定的抑郁和焦虑情绪，但是他能明确地知道自己的情绪指向，他的心理表现都在正常范围之内。

2. 知、情、意是否协调

故事一中的主角丧失了内在协调力。当太太送礼物宽慰自己时，他表现出痛苦的状态，是典型的认知、情绪情感、意志出现了协调问题。当知、情、意出现了不一致的情况，心理学称之为心理异常。

故事二中的主角内在协调是一致的。当他感到沮丧时，太太为他精心准备了他喜欢的礼物，他能感受到来自太太的关心与爱，并能对这份爱作出相应的情感体验，是一种心理正常的表现。

3. 人格是否稳定

故事一中的主角从以前节俭的状态突然变得挥金如土，前后的反差太大。人在成长的路上人格逐渐稳定，除非发生了重大的变故，否则突然出现一百八十度的转变，很有可能是出现了心理异常。比如，一个善良热情的人，突然变得冷酷无情就是一个心理出现异常的指标。

故事二中的主角人格相对稳定。他经过调整之后对自己仍像过去一样具有信心，并且将自己内在的想法转化为行动，来接近自己的目标。

如果你的家人或者亲友符合心理异常的标准，建议其尽早就医。但是失去自知力的当事人经常会认为自己没有生病，有时候拨打精神科医院的急救电话是有必要的。

（下）

许多人会误以为心理不健康=心理异常，其实并不是如此。心理不健康和心理健康在心理学上属于心理正常的范围。如下图所示。

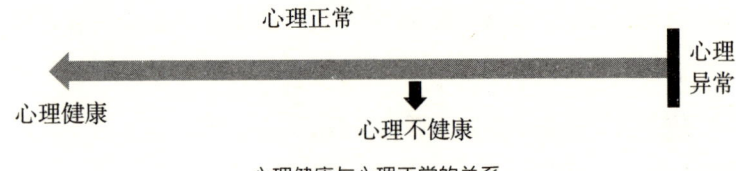

看得见的心理成长
如何掌控情绪，发现自我

```
           心理正常
    ←─────────────────────────┤  心理异常
                ↓
心理健康     心理不健康
```

心理健康与心理正常的关系

心理正常中的心理不健康包括一般心理问题、严重心理问题、疑似神经症问题。所以，到心理咨询室求助的来访者一般是心理正常的。如果到了心理异常的状况，心理咨询师就需要将来访者转诊去精神科医院进行治疗。病人只有康复到心理正常的范围才有能力接受心理咨询。心理咨询是为有自知力的心理正常的来访者提供咨询服务的。

以下是心理正常的标准：

1.心理健康

参考本章第一节马斯洛健康标准。

2.心理不健康

（1）一般心理问题。

持续周期短，一般两个月之内，不良情绪指向某事件。不影响学习、工作、人际交往，能通过理智控制自身情绪。

（2）严重心理问题。

持续周期为半年之内，痛苦情绪较为激烈，与最开始导致不良情绪的事件相关的刺激源也会导致类似的痛苦感受。对学习、工作、人际交往有一定程度的影响，不能通过自身控制情绪。

（3）疑似神经症。

持续周期较长，痛苦情绪不再指向最开始导致情绪的事件，即情绪反应对象已经发生变化。对学习、工作、人际交往存在较大的影响，不能通过自身控制情绪。

建议：当心理健康的时候需要好好保持。当心理不健康的时候也不用着急，这仍属于心理正常的范畴。寻求专业的帮助，就会慢慢回到心理健康的状态。

弹性认知：心理健康的人，也有不健康的时候

心理健康的人，也有不健康的时候，我们需要客观地认识自己的心理状况，允许自己有足够的心理弹性。心理健康的人不一定始终健康，心理不健康的人也不会一直不健康，就像健康的运动员也有感冒的时候。当我们的心理处于不健康的状态时，我会将其视为"心理感冒"。感冒了，我们只是需要一定的周期康复，不必过于担心。

（上）

我很小的时候，听过这样一个故事。

故事的主角是生活在湖水中的一只鳄鱼。鳄鱼小时候看到妈妈上岸后被捕杀的情景，因为看到这残忍的一幕，从此躲在水下，再也不敢上岸。

后来，它长大了，成为一只威风凛凛的大鳄鱼。它看到其他鳄鱼舒舒服服地在岸边晒太阳，它也尝试过踏出那一步。但是每当它来到岸边，踏出一只脚时，心中就会有一股强烈的焦虑感向它袭来，仿佛有什么东西撕扯着它，然后它只能转身一头扎进水里。

看得见的心理成长
如何掌控情绪，发现自我

成为心理咨询师之后，我回忆起这个故事感慨良多。鳄鱼因为小时候的创伤，从来没有离开过那条河，没有体验过更大的世界，也没有机会了解到它其实是狩猎群体中的一方霸主。此外，我还想到，也许生活是一场冒险，但是小鳄鱼已经长大了，它的一生不一定会和妈妈的结局一样，但它放弃了探索世界的机会，这是十分可惜的。

（中）

我们生活中有许多这样的例子。因为担心自己身上会发生非常糟糕的事情，所以我们选择逃避。也许，一些事情本不会发生在我们身上，但是我们过度担忧，反而会出现我们害怕的结果。

下面故事中的主角就是这种情况。

有一天，我接到一个心理咨询电话。电话那头的声音很清亮，但是语速很快。

她说："我现在得了焦虑症，我虽然还没有像网上描述的那样发作，但是我每天都担心那些症状会发生。"我几乎能想象到电话那头的她捂着胸口努力使自己平静的样子。

我说："您在医院确诊了焦虑症吗？"

她说："还没有，我不敢去医院。但是我在网上查了很多资料，八九不离十。而且我爸爸也有焦虑症，我肯定是遗传了。"

我说："你先别太担心。焦虑症的遗传只占小部分比例。如果你先给自己心理暗示，会更容易导致焦虑。你现在没有确诊，只是你的猜测。你有过惊恐发作吗？感觉自己好像呼吸困难，接近一种濒死感？"

她说："没有，但是我小时候看我爸爸发作过。"

我明白，小时候的她看到爸爸的焦虑症发作后，产生了难以磨灭的恐惧。此后她都过于关注自己的焦虑行为，不断地将一些焦虑症的表现往自己身上对号入座。这是我遇到过的许多求助者的情况。后来，我劝她去医院做了一个焦虑症检查，结果显示她并没有焦虑症，而是因为担心焦虑症产生了一定程度的焦虑情绪。

后来，她继续向我学习焦虑情绪和焦虑症的区别。她希望学会了解自己的情绪，也希望能学会和自己的情绪打交道。

（下）

我们往往在焦虑的时候难以弄清自己是焦虑情绪还是焦虑症。其实焦虑情绪和焦虑症有许多明显的区别。

焦虑情绪：没有安全感，有患得患失的自我评价。时而肯定自己，时而否定自己，但能正常工作，会为眼前重要的事感到紧张。执行力很强，很多时候效率很高，处理完重要的事情之后会感到放松。

焦虑症：扼杀自信，会为各种各样的事寝食难安，即便发生好事，也难以开心，会立刻投入其他让自己感到焦虑的事件之中。莫名地感到不安，哪怕没有发生什么事。有时会伴随着惊恐发作，往往持续时间长，一般超过6个月的周期。躯体化症状明显，会出现头痛、胃痛、拉肚子等躯体化表现，长期下去可能会引发高血压和心脏病。

严重的焦虑情绪会发展成焦虑症，我们需要在焦虑的状态下，寻求适合自己的办法，使自己感到放松。尝试使用转移法，也就是转移注意力，如跑步运动出出汗，去风景优美的地方，阅读喜欢的书籍，听喜欢的音乐，找朋友倾诉，找心理咨询师疏导情绪，等等。

心理健康的人也有不健康的时候，故事中的主角就是这种情况。她经过调节恢复到健康的状态，能更好地意识到自己是因为担忧导致了焦虑情绪。只要全面了解自己所担心的事情，看见自己的内心，建立一套新的生存方式，便能很好地回到正常生活中。

心理测量表：0—10分，你给自己的心理健康状况打几分？

心理健康测量表有许多不同的类型，前文已经提供了马斯洛心理健康的评估标准。以下还有3个测量表，你可以尝试自我测量。这3个测量表中的有些指标可能会重叠，有重复的提问，可以帮助我们反复地进行自我认识，有助于我们更了解自己的心理健康状况。

心理测量表1

心理学家奥尔波特提出的7条标准。

评分标准：0—10分。（0分为最不满意，10分为最满意。）

(1) 自我意识的弹性； （　　）

(2) 较好的人际关系； （　　）

(3) 心理上的安全感； （　　）

(4) 客观的感受； （　　）

(5) 掌握各种技能，并专注于工作； （　　）

(6) 自我形象基于现实； （　　）

(7) 表里如一。 （　　）

（注：以上为心理学家奥尔波特的心理健康标准，以下的心理测试分值评估为笔者在开展心理咨询工作中积累的经验，测试结果仅供参考。如果测试人发现自己情况严重，建议尽早去医院进行咨询。）

以上7项标准，分值评估如下：

平均分低于4分，说明你当下的心理健康水平较低，需要进行一定时间的情绪疏导，尝试通过心理咨询进行调节，使自己的心理恢复到一个较好的状态。

平均分为5—6分，需要引起重视，建议尝试一些放松的方式。可以尝试通过运动、写情绪日记等方式进行调节，适当借助心理咨询提升心理调节能力。

平均分为7—8分，说明你当下的心理健康水平良好，本身具有较好的调节能力。

如果平均分超过8分，说明你的心理健康水平较高，希望你继续保持。

【心理探索练习】

请在下面写出以上7条标准每一条得分、失分的原因。

1._____
2._____
3._____
4._____
5._____
6._____
7._____

心理测量表2

心理学家林崇德的10条心理健康标准。

评分标准：0—10分。（0分为最不满意，10分为最满意。）

（1）了解自我，对自己有充分的认识和了解，并能恰当地评价自己的能力；　　　　　　　　　　　　（　　）

（2）信任自我，对自己有充分的信任感，能克服困难，面对挫折能坦然处之，并能正确地评价自己的失败；（　　）

（3）悦纳自我，对自己的外形特征、人格、智力、能力等都能愉快地接纳并认同；　　　　　　　　　（　　）

（4）控制自我，能适度地表达和控制自己的情绪和行为；（　　）

（5）调节自我，对自己不切实际的行为目标、心理不平衡状

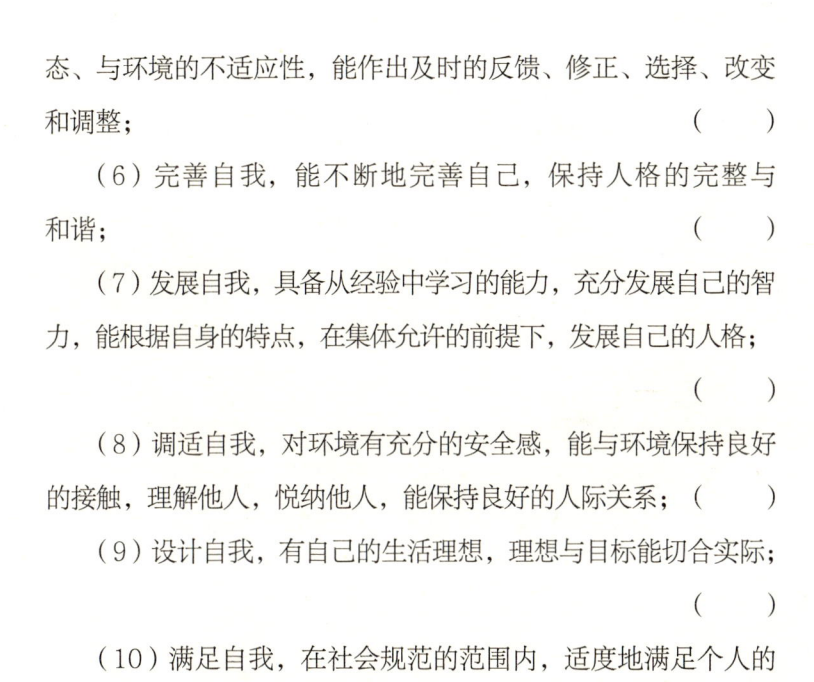

态、与环境的不适应性，能作出及时的反馈、修正、选择、改变和调整；（　　）

（6）完善自我，能不断地完善自己，保持人格的完整与和谐；（　　）

（7）发展自我，具备从经验中学习的能力，充分发展自己的智力，能根据自身的特点，在集体允许的前提下，发展自己的人格；
（　　）

（8）调适自我，对环境有充分的安全感，能与环境保持良好的接触，理解他人，悦纳他人，能保持良好的人际关系；（　　）

（9）设计自我，有自己的生活理想，理想与目标能切合实际；
（　　）

（10）满足自我，在社会规范的范围内，适度地满足个人的基本要求。（　　）

（注：以上为心理学家林崇德的心理健康标准，以下的心理测试分值评估为笔者在开展心理咨询工作中积累的经验，测试结果仅供参考。如果测试人发现自己情况严重，建议尽早去医院进行咨询。）

以上10项标准，分值评估如下：

平均分低于4分，说明你当下的心理健康水平较低，需要进行一定时间的情绪疏导，或者尝试通过心理咨询进行调节，使自己的心理恢复到一个较好的状态。

平均分为5—6分，需要引起重视，建议尝试一些放松的方

看得见的心理成长
如何掌控情绪，发现自我

式。可以尝试通过运动、写情绪日记等方式进行调节，可适当借助心理咨询提升心理调节能力。

平均分为7—8分，说明你当下的心理健康水平良好，本身具有较好的调节能力。

如果平均分超过8分，说明你的心理健康水平较高，希望你继续保持。

【心理探索练习】

请在下面写出以上10条标准得分、失分的原因。

1.＿＿＿＿＿＿＿＿＿＿＿＿＿＿＿＿＿＿＿＿＿＿＿
2.＿＿＿＿＿＿＿＿＿＿＿＿＿＿＿＿＿＿＿＿＿＿＿
3.＿＿＿＿＿＿＿＿＿＿＿＿＿＿＿＿＿＿＿＿＿＿＿
4.＿＿＿＿＿＿＿＿＿＿＿＿＿＿＿＿＿＿＿＿＿＿＿
5.＿＿＿＿＿＿＿＿＿＿＿＿＿＿＿＿＿＿＿＿＿＿＿
6.＿＿＿＿＿＿＿＿＿＿＿＿＿＿＿＿＿＿＿＿＿＿＿
7.＿＿＿＿＿＿＿＿＿＿＿＿＿＿＿＿＿＿＿＿＿＿＿
8.＿＿＿＿＿＿＿＿＿＿＿＿＿＿＿＿＿＿＿＿＿＿＿
9.＿＿＿＿＿＿＿＿＿＿＿＿＿＿＿＿＿＿＿＿＿＿＿
10.＿＿＿＿＿＿＿＿＿＿＿＿＿＿＿＿＿＿＿＿＿＿

心理测量表3

心理学家俞国良等人提出的8条心理健康标准。

评分标准：0—10分。（0分为最不满意，10分为最满意。）

（1）智力正常； （　　）

（2）人际关系和谐； （　　）

（3）心理与行为符合年龄特征； （　　）

（4）了解自己，悦纳自己； （　　）

（5）面对和接受现实； （　　）

（6）能协调与控制情绪，心态良好； （　　）

（7）人格完整独立； （　　）

（8）热爱生活，乐于生活。 （　　）

（注：以上为心理学家俞国良等人提出的心理健康标准，以下的心理测试分值评估为笔者在开展心理咨询工作中积累的经验，测试结果仅供评估。如果测试人发现自己情况严重，建议尽早去医院进行咨询。）

以上8项标准，分值评估如下：

平均分低于4分，说明你当下的心理健康水平较低，需要进行一定时间的情绪疏导，或者尝试通过心理咨询进行调节，使自己的心理恢复到一个较好的状态。

平均分为5—6分，需要引起重视，建议尝试一些放松的方式。可以尝试通过运动、写情绪日记等方式进行调节，可适当借助心理咨询提升心理调节能力。

平均分为7—8分，说明你当下的心理健康水平良好，本身具有较好的调节能力。

如果平均分超过8分，说明你的心理健康水平较高，希望你继续保持。

【心理探索练习】

请在下面写出以上8条标准得分、失分的原因。

1._____
2._____
3._____
4._____
5._____
6._____
7._____
8._____

附加心理评估表

以下是笔者在多年心理咨询的过程中积累的5项比较简单的评估标准,大家可以尝试做一下,勾选的项目需要符合自己当下的身心状态。

心理评估表:

(1)您最近两周的睡眠情况。

(较差)(一般)(良好)(优质)

(2)您最近两周的饮食情况。

(较差)(一般)(良好)(优质)

(3)您最近两周的人际关系情况。

（较差）（一般）（良好）（优质）

（4）您是否产生过伤害自己或者他人的念头和行为？

（是）（否）

（5）您身上有没有优点？

（没有）（较少）（较多）（很多）

以上5项，自我评估的参考标准如下：

A.如果睡眠、饮食、人际关系较差，并伴随伤害自己或者他人的念头，且认为自己的优点较少，初步评估为存在较为严重的抑郁和焦虑症状，需要尽早去医院就诊，同时寻求心理咨询的帮助。

B.如果睡眠、饮食、人际关系较差，但不伴随伤害自己或者他人的念头，且认为自己的优点较少，初步评估为存在一定的抑郁情绪，可以通过阅读、记录情绪等方式进行调节，也可以通过心理咨询的方式来增加自信心，提高自己的心理素质。

C.如果睡眠、饮食、人际关系一般，不伴随伤害自己或者他人的念头，且认为自己的优点较多，初步评估心理状况属于健康水平，可以通过运动、冥想等方式提高睡眠和饮食质量。

D.如果睡眠、饮食、人际关系良好，不伴随伤害自己或者他人的念头，且认为自己的优点较多，初步评估心理健康水平较高，请继续保持。

E.如果睡眠、饮食、人际关系优质，不伴随伤害自己或者他人的念头，且认为自己的优点很多，说明你对自己非常满意，自我接纳度很高，心理非常健康，恭喜你！

CHAPTER 2　你是谁？你未必知道

人的一生，如果不了解自己，生活可能会痛苦而迷茫。每个人都具有独一无二的成长经历，无论是原生家庭模式还是情感经历，无论是面对突发事件的防御机制和工作学习时自己的经验积累，还是对当下的看法以及对未来的期许所转化的行为，都塑造了独一无二的自己。我们不愿意活得浑浑噩噩，希望能更了解自己。看完这一章，你会对自己有更深刻的认识。

生存模式构建：你父母的抚养方式是怎么样的？

原生家庭中父母的抚养方式，往往会对在这个家庭成长的孩子造成不可磨灭的影响。原生家庭分为幸福型和创伤型，创伤型又细分为低创伤型和高创伤型。

幸福型家庭，家庭氛围是民主的，孩子有自主发言权。幸福型家庭的父母能恰当地把握原则和底线，根据孩子的成长阶段适当地调整教育方式。幸福型家庭往往将孩子的身心健康摆在第一位，能有助于孩子培养积极思维、乐观的精神状态。

但不是每个人都能幸运地生活在幸福型家庭中,我们知道有很多人都带着原生家庭的创伤在生活。以下案例中陈奇的家庭就属于高创伤型家庭。

(上)

(根据心理咨询的保密原则,以下案例已经作了化名处理,并进行了相应的改编。)

陈奇,男,27岁。

当他回忆起自己的原生家庭,更多的时候是无奈地摇头苦笑。在陈奇的记忆里,母亲是一个悲观消极的女人,父亲是一个冷漠荒唐的人。

在咨询的过程中,我让陈奇回忆他成长路上关于父母印象深刻的几件事。

"4岁的时候,我从幼儿园回家,父母吵架吵得很凶,我害怕地躲在桌子底下,看见家里的碗碟摔得满地都是。我印象最深的是:家里的一桶食用油打翻了,流得满地都是。那些油就像一条肮脏的小河,流到了我的脚边。

"7岁的时候,小学组织家庭活动,希望父母可以带着孩子一起出去野餐。我记得很清楚,那天母亲忧郁地望着窗外说:'别看现在外面阳光明媚,等我们到了野餐的地方,一定会下雨,这样我们都白去了。到时候还会弄脏衣服,什么好心情都不会有,别怪我没提醒你。'

"12岁的时候,母亲离家出走。我追出去,追了很久很久,

看得见的心理成长
如何掌控情绪，发现自我

在离家几千米的公路上找到了她。而她早就听到了我喊她的声音，只是依然自顾自往前走。我记得那时天空灰蒙蒙的，一切看起来死气沉沉的，很不真实。我站在路边哭得很伤心，嗓子嘶哑。我紧紧拽着她的衣服，她边哭边推开了我。

"19岁的时候，那是我刚考上大学的第一个冬天。我记得那天外面下着很大的雪，父亲却脱光了衣服站在家门口。我从屋里拿了件外套准备递给他。他看了我一眼，眼里尽是冷漠，比那雪地里的冰更加寒冷。他对我说：'就你这点本事，以后捡垃圾都没人要，蠢货。'"

（中）

陈奇是在确诊了抑郁症之后前来求助咨询的，他的经历让人十分心疼。我们没有办法选择出生在什么样的家庭，许多人在成长的路上被动地卷入父母不成熟的婚姻中，感到无助、悲伤。

原生家庭的模式，很多时候会影响人们成长之后的情感模式，而情感模式又会影响人们的人生观。有时候人来不及反应，便度过了大半生。

人有时候就是这样。如果我们过去生活得很辛苦，也许就拥有了承受痛苦的能力，似乎比很多人更加坚强。但是那些痛苦的感受留下了，这些感受就像滚雪球一样，越滚越大，总有一天会因为遇到某个突发事件，开关被打开，心里的那个大雪球会突然裂开崩塌。这个时候，我们需要打开心结，而不是纵容负面情绪将自己湮没。

也许很多人都会责怪陈奇的父母不合格，伤害了一个孩子。但是心理咨询师从不批判，而是帮助来访者看清自己这些年经历了什么，帮他看见：他从哪里来，要到哪里去。

陈奇的父母并不懂得怎样成为充满爱的父母，因为他们也未获得自己父母的关爱。一个没有获得爱的人，对于付出爱往往是陌生的。

从陈奇的口中我了解到，陈奇的姥姥、姥爷从来没有给过他的母亲关爱。姥姥、姥爷重男轻女，将几个舅舅都送去上大学，而母亲却没有读书的机会。陈奇的母亲在成长的过程中，不停地打工并将钱寄回家里，他的母亲对生活的感知是愤怒、悲伤、失望的。

陈奇的爷爷，在陈奇的父亲10岁的时候溺水而亡，陈奇的父亲不得不一夜之间长大，开始替代父亲照顾母亲和自己的两个妹妹。陈奇的父亲从小其貌不扬，原本自卑的内心，在陈奇的爷爷去世后无限地扩大。他开始变得沉默寡言，举止怪异，经常喝得酩酊大醉，直接在路边睡到天亮。命运如此和他开玩笑，他的心中满怀恨意，痛恨命运不公。

有时候我们看一个家庭的创伤，不仅需要看到几代人的成长经历，还需要了解他们经历了哪些时代的变迁，哪些社会文化的影响，或许这样我们才能弄明白，个体所经历的伤害到底是从哪里来的。

看得见的心理成长
如何掌控情绪，发现自我

（下）

精神分析学派创始人弗洛伊德认为原生家庭对人有很大的影响。许多精神分析流派的心理咨询师也秉持这一观点。但是随着心理学不同流派的崛起，一个人的创伤由原生家庭"背锅"的指向，已经发生了变化。

现在许多整合流派的心理咨询师，结合各个流派的优势，综合使用。对于原生家庭的看法，整合流派的咨询师会认为，原生家庭仅承担部分责任，如果当事人已经成年，便不能将所有的问题都归因于原生家庭。毕竟，一个成年人本身具备自我修复和完善的能力。

这个世界上没有完美的原生家庭。将问题全部归因于原生家庭会导致当事人暂时失去成长的动力，因为既然责任都在于父母，当事人便不用承担自己成长的责任了。显然全部归因于原生家庭是存在风险的，只能说原生家庭有部分责任。

伤害需要看见，但是过度沉溺于悲伤，会掩盖我们成长的潜能。

心理咨询师常常会说："没有完美的家庭。"如果让我在这句话的基础上进行完善，我会说："没有完美的家族。"

我们需要看见自己原生家庭的创伤，接纳已经发生的事实，尝试与过去的经历和解，并努力在未来自己的核心家庭（自己成立的家庭）中，避免创伤型家庭模式重演。

希望更多的家庭都能拥有幸福型家庭模式。

【原生家庭创伤修复练习】

第一步：写出你的原生家庭带给你的伤害。

_____

_____

_____

_____

_____

第二步：写下父母的原生家庭带给他们的伤害。

_____

_____

_____

_____

_____

第三步：为了将核心家庭经营成幸福型家庭模式，你打算做出哪些努力？

_____

_____

_____

_____

_____

喜好测试：最喜欢谁&最讨厌谁

一个人是从什么时候开始对一些东西喜爱或厌恶的？也许当事人自己也不太清楚。然而追根溯源之后，我们会发现没有无缘无故的喜欢，也没有无缘无故的讨厌。

（上）

我身边有个朋友，他特别讨厌吃香菜，觉得那个味道奇怪无比。我觉得好奇，有一天吃饭的时候问他第一次吃香菜的经历。他告诉我，当时他在读小学二年级，早上的时候看见班上最好看的女同学在学校门口吃早餐。他内心十分欣喜，要知道他平时一般没有机会和班花说话。他紧张地走到女孩的桌子旁，问可不可以一起吃早餐。女孩看见自己的同班同学，友善地点了点头。他见女孩吃的是一碗馄饨，便也点了一碗。当老板端来一碗馄饨的时候，男孩吃得津津有味。女孩看了，用嫌弃的语气说："你怎么爱吃香菜呀？那味道可难吃了。"

他突然愣住了，推开碗，说："我也讨厌香菜，确实很难吃。"于是，从那以后，他便成了一个不爱吃香菜的男孩。

若不是回顾这件事，我这个朋友还以为不爱吃香菜是他的本性。

人的喜好是十分有趣的，可能和我们过去的某一段人生经历有关，只是记忆久远，许多事情已经忘了，但是那些影响留在我们心里。

（中）

（根据心理咨询的保密原则，以下案例已经作了化名处理，并进行了相应的改编。）

敏敏，女，28岁，博士生。

敏敏来咨询室寻求帮助的原因是：当导师第二次告诉她论文不合格之后，她便开始整夜失眠。咨询前两周她完全睡不着觉，精神萎靡，不能做科研，内心十分焦虑，想要休学。

有时候来咨询的原因只是一个触发事件。敏敏求助的原因乍一看是论文没通过，但实际上真正让她来咨询的原因是她的导师让她感到很恐惧。她的导师是一位女性，平时不苟言笑，在学术界有很高的威望。

据她描述，每次她到导师的办公室都会心跳加速，手心冒汗。她担心的事情很多，如担心自己科研的时候会出错，担心受到导师的批评，担心自己的论文不能顺利过关，担心不能顺利毕业。

当她谈及对权威人士的恐惧时，我推测可能她是父母其中一方比较权威，或者成长路上某个权威角色在与她相处的过程中给她留下了创伤。

我请敏敏回忆有关权威人士的记忆，以下是她提到对她影响最深的两个。

"第一个是我的姑姑。小时候，我父母和奶奶生活在一起，

看得见的心理成长
如何掌控情绪，发现自我

奶奶是个脾气非常不好的老人。如果妈妈做的饭菜不满意，奶奶就会把桌子掀翻，指责我妈妈。我父母的感情很好，每当奶奶骂妈妈的时候，爸爸都会站出来为妈妈打抱不平。但是这只会让奶奶更生气，她会打电话让我的姑姑来帮她出气。然后我姑姑就会连夜到我家，在我家门口大骂我爸妈不孝。不得不说我姑姑肺活量真的很惊人，她能骂上很久，骂得邻居们都来围观。我那个时候就想：怎么有这么恐怖的女人！太可怕了！

"第二个是我的中学英语老师，她同时担任学校的教导主任。中学的时候因为我父母在外地做生意，我转了学校。在原来的那所中学，我是优等生，负责升旗，很被老师认可。但是转到新学校之后一切都变了。刚到新的环境我十分不适应。第一天到新学校，我就被安排坐在班级的最后一排。那个时候又正好赶上这个老师的英语课。我凳子还没坐热，书还没拿出来，她就问了我一个问题。当时我还没缓过神来，脑袋嗡嗡的，她提的问题我都没有听清，也就没有答上来。然后她带着轻蔑的口吻说出了让我终生难忘的话：'就你这个水平，你们学校还说你是数一数二的学生？我看你们学校也就那样，你也就那样。'

"回忆这两个人的时候，我的记忆里都是那些围观者轻蔑的表情。姑姑经常来我家大闹的时候，笑话我家的是那些邻居，那些熟悉的面孔不怀好意地看着热闹；初中英语老师说话讽刺我的时候，笑话我的是同班同学，那些陌生的面孔，一排排回头看着我，让我无地自容。"

（中）

从敏敏的回忆来看，姑姑和初中英语老师，这两个权威人士不仅都是女性，而且都是伤害过她自尊心的女性。所以她对如今的导师，内心的态度是敏感、复杂的。也许导师的态度只是针对论文本身，但是敏敏会投射出当初伤害过自己的有关女性权威角色的负面情绪。这个时候的敏敏想要休学离开让自己感到难受的环境，也就可以理解了。

后来通过一系列的探讨，敏敏意识到有关姑姑和初中英语老师的经历已经成为过去，如今的她已经有保护自己尊严的能力和本事，这是其一。其二是敏敏的导师和那两个人是不同的人，因为过去的创伤耽误自己的前途是不值得的。当把这些情绪和情感梳理清楚后，敏敏的回忆出现了变化。她说，导师这几年在许多事情上都耐心地指导过自己，确实和姑姑、初中英语老师是不同的人，于是敏敏便释然了。

有时候我们对一个特定的人感到反感或喜欢，很可能是这个人身上有过去重要他人的痕迹。**重要他人（significant others）是由美国社会心理学家米德提出的，是指在个体社会化以及心理人格形成的过程中具有重要影响的具体人物。**

重要他人有可能是我们曾经喜欢的，也可能是我们曾经讨厌的。但是他影响着我们的成长，影响着我们看事情的角度，影响着我们的人际交往质量。过去因为他的出现，给我们带来了巨大而长久的影响。

看得见的心理成长
如何掌控情绪，发现自我

【心理成长练习】

请你回忆过去的重要他人，并写下来。

曾经讨厌的重要他人及其对自己产生了哪些影响？

_____
_____
_____
_____

现在讨厌的重要他人及其对自己产生了哪些影响？

_____
_____
_____
_____

曾经喜欢的重要他人及其对自己产生了哪些影响？

_____
_____
_____
_____

现在喜欢的重要他人及其对自己产生了哪些影响？

_____
_____
_____
_____

在回忆这些重要他人之后,我们可以做出一个决定:放弃那些不良影响,留下那些良好的影响。

你决定放弃的不良影响:

_____

_____

_____

你决定留下的良好影响:

_____

_____

_____

瓦解防御机制:别害羞,说说你的情感史

近几年上海的初婚年龄调查结果显示,上海的初婚年龄平均在30岁。这意味着,许多人在30岁之前一般会有几段情感经历,而这每一段情感经历都会影响之后的情感质量。

(上)

(根据心理咨询的保密原则,以下案例已经作了化名处理,并进行了相应的改编。)

小安,女,26岁。

看得见的心理成长
如何掌控情绪，发现自我

小安的第一段恋情是在高中的时候。因为高中学习压力比较大，所以小安想找一个可以一起学习的男朋友，两个人可以一起努力，共同进入一所大学。第一任男朋友是小安的同学，名叫小宇。小宇长得十分帅气，学习成绩也很好，满足小安对男朋友的所有期待。她与小宇交往后内心十分欢喜。小安和小宇虽然最后没有如愿考到同一所学校，但是考到了同一座城市。进入大学之后，小安原本以为两个人可以好好谈恋爱了，没想到小宇却提出了分手。小宇的理由是：虽然他们在同一座城市，但是不在同一所学校，这不是他想要的。分手的原因让小安难以接受，她总觉得这是小宇的一个借口。但是因为小宇心意已决，小安尝试了各种方法都难以挽回。接下来几年小安过得很不开心，直到大四的时候，遇见了第二任男朋友小磊。

小安的第二段恋情，和第一段截然不同。小磊没有小宇帅气，也没有小宇上进。小安认为小磊是一个很普通的男孩，但这正是小安选择他的原因。小安告诉我，起初她并没有很喜欢小磊，只不过因为小磊的一句话打动了她。小安那时因为上一段感情的创伤，所以对感情比较谨慎。小安对小磊说："我们不在同一座城市，感情不会可靠的。"小磊的回答是："不在同一座城市又怎么样？哪怕不在一个国家，我喜欢你，都会来找你。"这句话深深打动了小安。回想第一段恋情，对方因为不在同一所学校都能分手，小安瞬间感觉被小磊治愈了。她想，这就是爱情应该有的样子吧。不需要对方优秀，而需要对方勇敢。

后来，小安出国读研，小磊果然如承诺的那般，经常会去国外看她。异国恋的那段时间,小磊每天都要跨时差打电话关心小安。小安内心十分感动,决定回国工作之后便和小磊结婚,但是问题出现了。

(中)

小安告诉我:"我和小磊在一起的时候就知道他的家境很普通,他们结婚他家里并不能提供多少物质上的支持。我本来认为两个年轻人一起奋斗没什么,但是我逐渐发现小磊丝毫没有为未来努力的打算。我从小就是个很努力的姑娘,我知道未来的一切都需要通过奋斗才能实现,而小磊却显得消极、懒惰。他的口头禅是:'我没什么本事,你不要嫌弃我。'"

说到此处小安感到很难受,她继续说:"我并不是把物质看得很重,没有物质保障可以,但是两个人得一起努力吧?他连努力的动力都没有。我虽然没跟他说过,但是我真的挺失望的。我毕业之后很努力地工作,也尽量不让他给我花钱,基本上都是我自己挣钱自己花。但是他起码得把他自己的日子过好吧?他经常换工作,做什么事都三分钟热度,这样我很没有安全感,我怎么敢和他结婚?我父母也不会同意啊!看来我降低标准,找一个没那么喜欢的人,终究还是错了。"

过了半年后,小安迎来了第三段恋情。小安的第三段恋情,显然积累了前两段经历的教训,找到了一个刚认识时自己就欣赏和喜欢的男孩小乐。小乐有前两任男朋友的优点,但是没有他们的缺点。小乐帅气、上进、有耐心,和小安对未来的规划是一致的。这让小安很满意。但是我们知道人都是不完美的,小安说小乐唯一让她不满意的地方就是工作太忙,没有那么多时间陪自己。小安告诉我:"两个人一开始就互相喜欢,所以有些问题都能一起面对。"

(下)

从小安的三段情感经历我们可以看出,每一段感情结束后即使我们当时再伤心,也会有疗愈的一天。这并不是鼓励大家不停地寻找,毕竟人若终其一生不停地寻找,要寻到什么时候才是尽头呢?我是支持大家珍惜当下的。但是如果当下的恋情真的让自己很不满意,也不用灰心丧气,因为我们经历的每一段感情,虽然留下了创伤,但也为我们提供了情感经验。我们只需要理性看待过去的情感史,就能清楚自己为什么会选择对方。其实选择什么人并不是无缘由的,而是会受到我们情感经历的影响。

情感史会成为我们在寻找伴侣时一种无意识内化的防御机制。这些防御会让我们在自己不知情的情况下选择某个人,或者拒绝某个人。比如,前任是急脾气,甚至因为急脾气导致两个人的关系出现了无法挽回的裂痕,那么有可能我们下一个找的对象是个性情温和的人;如果前任忙得没有相处的时间,两个人经常为此吵架,那么有可能下一任对象的空闲时间比较多。

针对这种情况,我们要做的是,在单身或者恋爱过程中的迷茫期便弄清楚自己的情感史。需要注意的是，每一段关系都是全新的开始，每一个恋爱对象都有不同的性格特征，这是十分正常的。要避免用后一段情感关系作为前一段情感关系的补偿，这样对新的关系才是负责且公平的。

好的关系有6个很重要的标准：相互欣赏、互相尊重、彼此理解、相互包容、互相体谅、乐于交流。

大家不妨回顾一下自己的情感史，会有新的收获。下面，我们将自己的情感史梳理清楚，便能知道自己的每一段关系离真正优质的关系有怎样的差距。在了解差距之后我们需要想一些办法，让关系转变为更好的状态。

【情感史梳理练习】

写出你从过去到现在的情感经历。

你们在一起的原因是什么？

_____

他（她）的性格如何？

_____

你们的相处方式如何？

_____

你们在一起最不快乐的时光是什么时候？

_____

你们在一起最快乐的时光是什么时候？

_____

你们分手的原因是什么？

___

你想要的情感生活是什么样的？

___

你打算通过哪些努力实现自己想要的情感生活？

___

自我剖析：最擅长的 & 最不擅长的

人如果能够了解自己擅长和不擅长的部分，未来的成长之路就会顺遂很多。很可惜，许多人因为不了解自己所擅长的事情，或者对自己所擅长的事情有怀疑，便在余生兜兜转转，十分迷茫。

（上）

（根据心理咨询的保密原则，以下案例已经作了化名处理，并进行了相应的改编。）

故事一

小郝，男，30岁，创业公司联合创始人。

小郝在公司遇到困难之后，开始对自己产生怀疑。他认为自己有许多缺点，导致公司出现了危机。但是我在与他沟通之后发现，事实并非如此。他从大学毕业之后开始创业，公司从无到有，后来还获得了融资。他是一个十分优秀的人，只不过这一次危机，公司出现了巨大的亏损，使他受到了很大的打击。他经常在咨询过程中提到的是：大股东说他做事不够细致。

大股东的话让他感觉如鲠在喉，他也认为自己的这个缺点是导致公司出现问题的主要原因。他出现了很严重的自罪感，深深地为公司所出现的危机感到自责。小郝在求助之前，已经在"如何成为精细化人才"这一问题上屡屡感到挫败。人在苛求自己成为另一个人的时候，往往是痛苦的。小郝在将自己打磨成另一个样子的时候，相当于否定了自己过往所有的成就，这个过程中小郝越来越感到力不从心。

小郝认同大股东的观念并且内化了。而真相是，疫情这个客观原因导致行业不景气，加之他本身是创造型人才，擅长的是创造类工作，细节化的工作并不是他擅长的领域。这家公司如果不是他在该行业中的创造性理念，根本不会出现在市场上，现在能做到国内前几名的成绩和他的创造能力紧密相关。

小郝要做的是接受自己的不完美，继续发展自身的创造能力，认可自己过往的成就，同时需要寻找几个擅长精细化工作的人才来辅助自己不擅长的部分，而不是把自己变成精细化工作的人才。

强化擅长的部分会使自己越来越专业，越来越自信；而花费精力在不擅长的部分则会使自己备受打击，越来越自卑。相比之下，前者的结果更加令人满意。

（中）

故事二

小夏，女，26岁，咨询公司职员。

看得见的心理成长
如何掌控情绪，发现自我

小夏进入公司3年了，一直做的是文案工作。一次的偶然机会，公司让她组织会议。在不停安排会议的过程中，她时不时上台发言，组织与会人员发言。这个过程中她十分开心，感到了前所未有的满足。

回到公司，她继续伏案码字，但是渐渐发现做文案工作并不能给她带来满足感。于是她申请换部门，调到会展部。她原本以为自己喜欢做策划会展的工作，但是她慢慢发现自己喜欢的是站在台上演讲的感觉。但是这个时候，内心出现了一个声音：那些讲师已经积累了多年的经验，而自己只是一个"小白"，到时候可能会被人笑话。

接下来的日子，小夏眼巴巴地看着台上的讲师，自己只能在台下帮忙安排会议。她总感觉工作缺少一点激情，心心念念地想成为在台上演讲的那个人。

但是这个时候，内心又出现一个声音：也许自己做事情只是三分钟热度，所以总是一山望着一山高吧。也许自己并不想成为讲师，只不过觉得新鲜吧。

其实，小夏在决定成为自己想成为的人的时候，已经发现了自己喜欢的事情，但是担心失败，所以找了许多理由阻止自己前行。

小夏属于表演型人才，做了几年文案工作，并没有产生热情，直到她看到自己想成为的样子，一切都发生了变化，唯一的阻碍来自内心的那份不安全感。有时候喜欢就是热爱的代名词，热爱会使我们精进于某事，积累经验后更加擅长，而擅长又是天赋的代名词。小夏需要做的就是迈出那一步，向自己崇拜的讲师请教，从讲师助理做起，这样将来有一天才会心想事成。

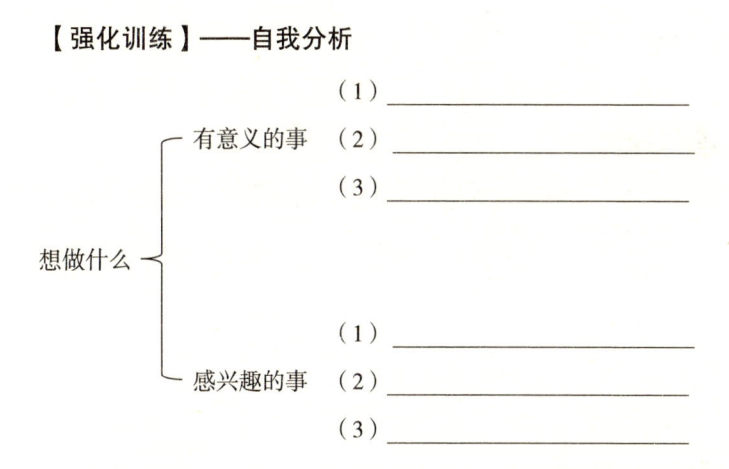

【强化训练】——自我分析

```
                    (1) _____
        ┌ 有意义的事  (2) _____
        │           (3) _____
想做什么 ┤
        │           (1) _____
        └ 感兴趣的事  (2) _____
                    (3) _____
```

你想做什么？你需要先思考：你想成为什么样的人？成为什么样的人会让你觉得生命有意义？做什么样的事情会让你觉得生活格外有趣？

这些思考可以帮助你缩小范围，让你逐渐清楚自己想要的是什么。等我们弄清楚这一点之后，就可以为自己想要接近的目标行动起来。也许我们并不能马上实现自己的目标，但是接近的过程会让我们感到安全，也会不断加深做这件事的意义感。意义感很多时候是一个附属品，往往会在我们做自己真正想做的事情的过程中产生。

看得见的心理成长
如何掌控情绪，发现自我

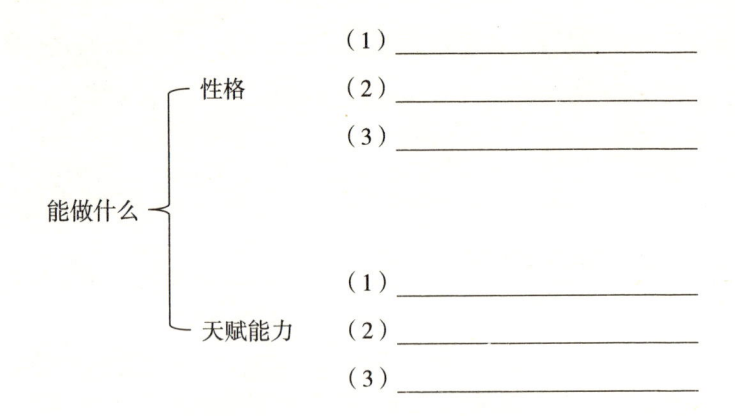

```
                        (1) _____
            ┌─ 性格    (2) _____
            │          (3) _____
能做什么 ──┤
            │          (1) _____
            └─ 天赋能力 (2) _____
                        (3) _____
```

你现在能做什么？这个问题能帮助你更好地了解自身已经具备的内在资源。你在哪方面擅长，对它进行强化。这个时候产生的热情会强化你对这件事的天赋。坚持下去，你会发现你对做这件事的能力随着你的积累不断提高。也许你想做的很多，但是在想做的事情中能做的只有一两件，那么这个时候你需要做出取舍。我建议你选择几件自己想做的和能做的事进行匹配，选择自己既想做又能做的事，能缩短你实现自我价值的周期。

（下）

我很喜欢作家纳塔莉·戈德堡的一句话：

相信你所爱的事物，坚持做下去，它便会带你到你需要去的地方。

在我们对喜欢的事情有所迟疑的时候，或许我们也像故事一中的小郝一样，自卑感会在某个时间点被放大。我们担心自己不能做好，或许像故事二中的小夏一样，内心充斥着不安。但是如果我们喜欢一件事，对它念念不忘，去做就是了。做的过程中我们自然会越来越擅长，生出信心，这些信心会不断强化我们对自己所做之事的天赋。

【心理游戏探索练习】

你想做的事情是什么？想做的事情中哪些是你能做的？

_____

能做的事情中哪些是你擅长的？

_____

你接下来打算如何强化自己所擅长的事？

_____

情绪比重：现在，你的状态怎么样？

从当下的情绪往往可以看出我们目前的状态。当我们足够了解自身的情绪，一些事情对我们的不良影响便能有效地降低。不仅如此，我们还可以从中获取经验，将未来的日子过得更明白。

（上）

（根据心理咨询的保密原则，以下案例已经作了化名处理，并进行了相应的改编。）

小洋，男，27岁，离异。

看得见的心理成长
如何掌控情绪，发现自我

小洋的父母对他管控很严。小洋结婚后，父母让他每周末回家陪着他们。这导致小洋的妻子十分不满：平时丈夫要上班，好不容易到了周末想要夫妻一起出去玩都不行，妻子感到夫妻二人没有自己的时间，丈夫这显然是不在乎自己的表现。为此她和小洋经常吵架。

小洋的父母知道之后，斥责儿媳妇不孝顺，小洋也站在父母这边。妻子感到十分委屈，大骂小洋是"妈宝男"，这让小洋十分生气。

小洋冷静地想了想，自从和妻子结婚，父母和妻子的争斗就从未停止过，他感到苦不堪言，实在不想未来的日子都这样度过，于是提出了离婚。

妻子见小洋提出离婚，由于很在乎这段婚姻，无奈只能低头道歉。但是因为妻子的心结没有打开，接下来的日子依然争吵频繁。

一次，小洋的母亲送来了饭菜。小洋妻子下班回家后肚子很饿，谢过婆婆之后，便吃了起来。正当她吃得开心的时候，婆婆的一句话让她十分难受。婆婆说："我儿子还没下班，他最爱吃这道菜，你可别吃完了。"

小洋的妻子本来就对婆婆有很大的成见，听到婆婆这么说，便和婆婆吵了起来。她指着门口对婆婆说："你能不能从我家出去？你儿子是爹妈生的，我就不是吗？我要是你亲闺女，你还会这样对我吗？"

婆婆感到十分难堪，觉得好不容易把儿子抚养大，好心做了饭菜，却被儿媳妇赶出家门，于是将一通委屈全部告诉了正在加班的儿子。

小洋近两年工作十分不顺利，原本有晋升的机会，但领导一拖再拖，没有给自己明确的答复。那晚因为加班本身就有情绪，听到母亲这么一说，气不打一处来。当晚回家之后，再次提出了离婚。只不过，这一次，小洋的妻子虽然很难过，哭得泣不成声，但最后还是同意了离婚。

小洋和妻子离婚之后，起初感到十分轻松，因为终于不用再处理婆媳之间的那些琐事了。直到妻子三个月之后带来了新的男朋友，帮她收拾留在小洋家的衣物，一切都发生了变化。当看见前妻和她的男朋友时，小洋感到十分震惊。那一刻他心里很难受，却又不愿在他们面前表现出来，于是强忍着愤怒直到两人离开。在前妻走后，他感到自己心跳加速，头晕目眩。

接下来的日子，他每天翻看前妻各类社交账号的动态，里面记录的都是她和男朋友秀恩爱的照片。小洋开始出现了失眠的情况，并且食不甘味，于是选择求助心理咨询师。

（中）

小洋自从离婚之后，状态一直不太好。当初的他夹在父母和妻子之间透不过气，因为不能和父母决裂，便选择和妻子分开。他那时因为想不到更多的办法，于是提出了离婚。很多在婚姻中的夫妻便是如此，明明不愿意离婚，但是因为不知道如何处理眼前的难题，便总是选择极端的方式。

看得见的心理成长
如何掌控情绪，发现自我

从小洋离婚之后的状态来看，他是不愿意离婚的，但是夹在原生家庭和核心家庭之间的日子让他太痛苦了。加上小洋这两年在工作中十分不顺利，所以负面情绪交织在一起，启动了"自毁模式"。这个自毁模式大概的内在结构是：我不能顺利晋升，说明我能力不够。能力不够，说明我这个人不具有价值。既然我不具有价值，那么我也不配拥有幸福的婚姻。既然我不配拥有幸福的婚姻，让我的妻子离开我是最好的选择。这样我陷入一无所有的状态中，就再也不怕失去什么了。

许多人在自己受到挫折的时候，会做出一些自我摧毁的事情，好让自己符合"我不配"的预期。

"配得感"是一种很重要的能力。"配得感"是一个人认为自己是否值得拥有什么，是否配得到什么的一种主观感受。显然，小洋的"配得感"是匮乏的。加上父母的约束，小洋没能从原生家庭走出来，正式进入核心家庭丈夫的角色，内心又分化出一种想法：如果我不站在父母那边，我便是不孝顺的。为了证明自己孝顺，牺牲婚姻也是可以的。

小洋为自己贴上"我工作不顺利便不配拥有幸福"和"不顺从父母就不孝顺"的标签，以致做出一系列让自己都不理解的行为。

（下）

故事中小洋的情绪比重分析（将人的情绪共分为10份）如下图。

上篇
发现自我

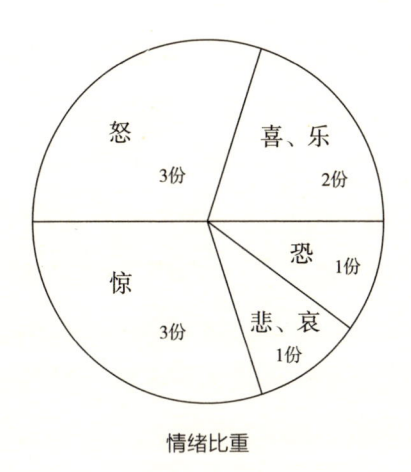

情绪比重

喜、乐（2份）：离婚之后，小洋起初感到很轻松，因为不用再处理父母和妻子之间让他头疼的关系。小洋恢复了相对的自由。

怒（3份）：母亲和妻子之间的纷争，实际上是希望小洋能多陪陪她们，但是忽视了小洋的现实处境，只顾满足自己的情感需求。

悲、哀（1份）：父母和妻子忽视了小洋的实际感受，一直以来没人能理解他。

恐（1份）：小洋不知道未来的人生会不会比之前更好。

惊（3份）：小洋原本以为前妻深爱着自己，但事实上前妻很快抽离了这段感情并有了新的男朋友。难道之前的爱是假的吗？

从小洋的故事来看，珍惜当下何其重要。如果小洋能早点了解自己，意识到自己深藏的情绪和情感，或许故事的结局会不一样。小洋的情绪和情感，现在主要是愤怒和震惊。他离婚的举动是为了表示自己的不满，因为他想控诉身边的人对自己不关心、不在乎。

生活中类似的案例非常多。如果我们是当事人，我们需要弄清楚自己真正需要的是什么。我们可以和身边的人交流自己的感受和处境，寻求他们的理解。不要怀疑亲人对你的在乎程度，如果他们知道此刻的你已经在水深火热之中，他们会调整自己的行为方式，减轻或消除对你的伤害。敌对的方式只会让所有人受伤，真诚有效的沟通才能化解矛盾。

如果你与当事人关系比较亲近，那么你要做的是了解对方的深层次心理，多尝试换位思考，理解对方的感受。在不妨碍他人满足自我需求的同时，也多关心自己。可以坦诚地告知对方自己在这段关系里的困惑，表达自己和对方有共同解决问题的意愿。寻求彼此理解，尝试与对方站在同一战线上，往往是解决矛盾有效的方法。

【情绪触发事件疏离练习】

你当下经历了什么，导致自己产生负面情绪？

_____

_____

_____

_____

_____

你的情绪比重。请在下面这个圆中，将自己的情绪比重划分出来。

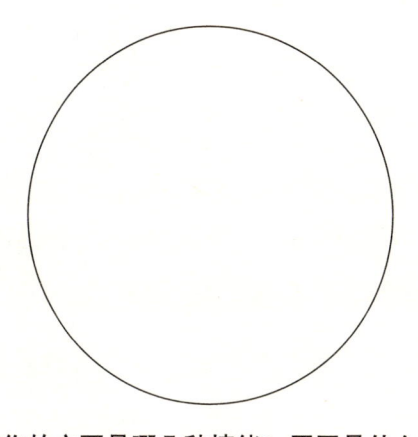

目前影响你的主要是哪几种情绪？原因是什么？接下来你打算怎样做？

_____
_____
_____
_____
_____
_____

CHAPTER 3　你能接受自己吗？

人是否存在一个统一的心理不健康的诱因？心理学家通常认为导致心理问题的原因各不相同，如抑郁症，不同的患者是由不同的问题引发的。但是从我多年的咨询经验来看，我认为存在一个统一的、恒定的引发心理问题的命题，那就是当事人"对自己的不接纳"。因为不接纳自己，没有办法很好地悦纳自己，于是产生了一系列心理问题。这一章的目的在于帮助读者进行一些自我接纳训练，从而预防和疗愈心理不健康的状态。

脱敏疗法：你最不能接受哪些方面？

（上）

脱敏疗法是心理学中一种用于治疗恐惧的方法，这种方法能让人一点一点地脱离恐惧源，逐渐接受自己害怕的事情，直到这件事情不再让自己感到害怕，或者至少不再那么害怕，从而提高当事人的心理素质，加强面对生活时的心理能力。

利用脱敏疗法进行自我接纳训练，首先需要弄清楚我们不能接受的部分为什么会让我们感到害怕。

（中）

下面分享几个故事，当事人都是因为无法自我接纳导致难以健康生活。他们不接纳的部分非常具有代表性，下面让我们一起从旁观者的角度切入。

（根据心理咨询的保密原则，以下案例已经作了化名处理，并进行了相应的改编。）

故事一

小华，男，17岁，高二学生。

小华就读于重点高中，成绩优秀，他希望可以考上国内最好的大学。在高二的时候，小华经常中暑，感到身体不适。有一天，老师让班上成绩最好的7名同学成立了一个尖子生辅导小组，但小华没有被列在其中，他的中暑症状从此更加严重了。

小华的中暑症状类似于焦虑症发作的状态，频繁拉肚子，注意力不能集中。如果说夏天中暑是可以理解的，但是冬天还出现此类症状就不合常理了。

小华原本是一个心高气傲的男孩，虽然在班上表现谦卑，其实内心谁也不服。这次原本以为尖子生辅导小组成员会有自己，没想到结果让他大失所望。

小华最害怕的也最不能接受的是：他不能成为最优秀的学生，不能被老师看重。

针对小华的脱敏疗法如下：

（1）放弃绝对化的信念。"我要成为最优秀的学生，所有的老师都需要看重我。"（绝对化信念的放弃是很有必要的。要知道，我们无法成为世界上最优秀的学生，也不可能让所有的老师都看重自己。）

（2）看见自己做得好的部分。"目前自己已经很努力了，也取得了不错的成绩。"

（3）了解高中学生的共性。"许多同学都有同样的困扰，但是自己可以默默努力，以优异的高考成绩让高中老师刮目相看。"

（4）宽容地对待自己。"即使不在尖子生小组中，也不能说明自己不是优秀的高中生。我可以接受已经发生的事实，然后继续完善自己，依然可以考上一所很好的大学。"

我为小华做了一年心理咨询。小华在高考出成绩后第一时间将分数告诉了我。成绩很不错，他感到很满意。这并不都是因为心理咨询，因为小华之前的成绩就很不错，只不过后来在心理咨询师的帮助下，他更好地接纳了自己。

故事二

小晨，女，26岁，翻译。

小晨是一个很漂亮的女孩，十分健谈。她有自己独特的人格魅力。最近，她在寻求新的职场机会，因为她的男朋友十分优秀，她担心如果自己不够出色，可能会得不到对方的尊重。

小晨之所以这么想，原因在于前几段情感经历。她认为如果女性不够独立,面临的处境可能十分尴尬,所以小晨对于升职势在必行。然而,升职同样会带来一系列的问题,频繁出差,业余时间被压缩,这让她没时间和男朋友相处,小晨因此陷入了两难的困境。

小晨最害怕、最不能接受的是:生活不是完美的,事业和感情不能给她带来幸福。

针对小晨的脱敏疗法如下:

(1)放弃绝对化信念。"我的生活一定要完美,事业和爱情都要给我带来幸福感。"(绝对化信念是一种自我伤害的根源。要知道,没有完美的生活,事业和爱情带来的幸福感也只会出现在经营的过程中,不会时刻让我们感到幸福。)

(2)看见自己好的部分。"我已经很优秀了,有自己的一技之长,还拥有令人羡慕的爱情。"

(3)了解女性心理。"许多独立女性都有这样的困扰,但是我们完全可以平衡事业和爱情的关系。这两者并不冲突,是可以同时存在的,只要和男朋友协商好即可。"

(4)宽容地对待自己。在接纳自己存在上进焦虑的前提下,选择一种让自己觉得相对舒服的状态。可以先让事业稳定下来,有时间与男朋友相聚。也可以与男朋友谈论自己的担忧,得到对方的理解,两个人探讨一种更合适的方式。

故事三

王明,男,33岁,管理人员。

王明在一家公司做管理人员,公司的同事对他的评价还不

看得见的心理成长
如何掌控情绪，发现自我

错。他在此就职之前经历了两次职场变动。有一次和老板大打出手，以致他的内心一直有个声音：我在一个地方可能做不长久。

最近，王明结婚了，与妻子两情相悦。妻子的职业并不稳定，王明觉得自己需要挣更多的钱，未来才能更有保障。他在公司负责业绩板块，只要公司业绩下滑，他就觉得忧虑，担心自己会被开除。

王明最害怕的，也最不能接受的是：不能长期稳定下去，生活会困苦不堪。

针对王明的脱敏疗法如下：

（1）放弃绝对化的信念。"如果我的工作不够稳定，我未来的生活一定困苦不堪。"（这个绝对化的信念是需要放弃的。要知道，现在时代已经变了，许多人从事自由职业，也活得挺好的。不管以哪种姿态生活，都可以很好地活下去。）

（2）看见自己目前已经拥有的部分。"我已经做得很好了，同事对自己评价都不错，说明自己目前做得挺好的。"

（3）看见相同处境人群的共性。结婚有了家庭责任，有了压力，许多男性都希望为家庭提供更多的经济保障，从而得到安全感，但是依然可以带着不安全感去做些什么。毕竟，这个世界上又有多少人拥有高薪却感到很安全呢?

（4）宽容地对待自己。在接纳自己的前提下，多去看看自己还能做些什么。比如，可以与妻子聊聊，在接下来的日子夫妻俩怎样一起努力；可以与老板谈谈，怎样提高公司的业绩；可以做个备选方案，当我真的不能在这家公司工作了，下一步可以做哪些打算。无论是哪种做法,都能让紧张的自己放松很多。

(下)

【自我接纳训练】

1.接纳五部曲

(1)直面自己不接受的部分,了解自己深层次害怕的部分。

(2)放弃绝对化的信念。

(3)看见自己目前拥有的部分。

(4)了解目前处境下的普遍心理状态,寻求适合自己的突破口。

(5)需要宽容地对待自己,在接受自己的前提下自我完善。

2.训练内容

(1)你目前最不能接受的(害怕的)是:

_____

_____

(2)你需要放弃的绝对化信念:

_____

_____

(3)你目前做得还不错的部分:

_____

_____

(4)和你处境相似的人普遍存在的心理:

_____

（5）在接受自己之后，你需要完善的是：

心理评估：你喜欢自己吗？

（上）

有没有一个瞬间，你很讨厌自己？

（1）你觉得自己相貌不够好看？

（2）你觉得自己能力不够强？

（3）你觉得自己不够富有？

（4）你觉得自己的心理状态不够好？

（5）你觉得自己的人际关系不够好？

（6）你觉得自己的家庭不够幸福？

（7）你觉得自己不够幸运？

如果以上有4个答案是肯定的，就说明你对自己是不接纳、不喜欢的。这是因为你对自己有更高的要求，但是现实没有达到你的心理预期，所以有时候会产生自我厌弃的感觉，更严重的时候你甚至会产生自罪感，觉得自己的存在是没有意义的。

下面有个案例，我们可以站在旁观者的角度，看看一个人对自己的不喜欢究竟是如何产生的。

（中）

（根据心理咨询的保密原则，以下案例已经作了化名处理，并进行了相应的改编。）

小森，女，27岁，教师。

小森的家庭是父母离异后重组的，从小她需要表现得更听话、更努力，才能让自己在新的家庭里生活得更好。如果表现不好，她的母亲就会找她哭诉，生活是多么不容易。这意味着，母亲生活幸福的责任被转嫁到小森身上。于是，从小她便是一个让人省心的女孩。

只要是父母看中的学校，她必须努力去考取；毕业之后，父母看中的工作，她想方设法也要进入该单位。这样一来，小森似乎没有为自己活过，而是为父母的和谐、母亲的期待而活。

小森结婚之后，丈夫与她是异地的状态。丈夫告诉她，那个城市可以赚到更多的钱，可以让她未来的生活更好，对他自己的职业发展也有帮助。小森同意了，于是夫妻俩开始了几年的异地婚姻生活。这个过程中小森自然是委屈、难过的。

小森在婚后独自一人生活，她所有的人生目标都变成了通过考试考到丈夫所在的那个城市，和丈夫团聚。然而，她的父母则希望她留在身边。于是，小森陷入了矛盾。是去丈夫身边，还是陪伴父母？她爱她的丈夫，但是她也放不下父母。

我们可以发现，她一直以来都活在别人的期待之下。她来寻求咨询之前，已经把自己关在房间里哭了很多天。即便在自己情感很受伤的情况下,她想的依然是:我在学校的工作还没有安排好,是不是自己的能力不足?

于是,她陷入了自我厌弃之中。她在咨询的过程中说得最多的就是:"我有时候真的很不喜欢自己,甚至很讨厌自己。"

而作为心理咨询师,我需要关注的是她在"有时候真的很不喜欢自己"之外的情况。也就是说,除了自我厌弃的时间,其他时候她是怎样做到接纳自己的?除此之外,我还需要关注的是,她打算如何在两难的局面中,重新审视自己的内心,如何经营未来的生活?要知道,婚姻是两个人的,她的丈夫和她一样有责任。然而这么多年,小森将身边人的幸福转嫁到自己身上,早已忘了该如何经营自己的幸福。

后来,经过协商,我与小森的丈夫单独安排了咨询进行沟通。她丈夫的一番话让我印象深刻:"哪个男人不希望过那种老婆孩子热炕头的生活呢?这是男人认为最幸福的事。当初我看她状态不好,想回到她身边,但是她说不需要。我不明白,她明明希望我陪着她,又不愿意我回去。这到底是什么原因呢?"

关于异地的情侣和夫妻,双方的心态其实可以用一个作家的话来诠释:"你的城市下雨了,我不敢问你是否带了伞,因为我不在你身边。"

小森和小森的丈夫都渴望能相依相伴。但是小森最担心的是,丈夫回到自己身边,某一天会责怪自己耽误了他的前途。还有一个担心是,目前自己的心理状态不好,万一朝夕相处丈夫厌倦了自己怎么办?

夫妻关系这一方面是容易解决的，因为两人都很在乎对方，有这个动力在，谁先到谁身边，都是可以解决的。

小森案例的突破点在于，她一直在取悦身边的人，帮助身边的人实现他们的期待而忘了自己，忽视了自己，进而产生了不喜欢自己的感受。她内在的某个部分是抗拒的，于是产生了强烈的负面情绪。她不喜欢自己完全为了母亲而活；她不喜欢自己为了丈夫的安排而活；她不喜欢自己希望所有人喜欢自己，让别人觉得她很懂事；她不喜欢自己，明明想要得到却又恐惧的心理状态。

（下）

小森需要接纳自己的心理状态。她从一开始抗拒自己的生活状态，到后来因为抗拒而产生负面情绪。负面情绪是一个信号，可以用于提醒自己：是时候做出改变了。

小森需要整合自己的独立性人格和依赖性人格，让它们和谐相处。每个人都存在独立和依赖的部分。独立性人格占据整个内心会使我们变得勇敢而独立，冷漠而疏离；依赖性人格占据整个内心会使我们变得温和而柔软，脆弱而怯懦。每一种人格都存在优势和劣势，我们需要接纳它们的存在，不要试图扼杀它们让我们感到不满意的部分。

小森处于唤醒独立性人格的时期，但是依赖性人格害怕被抛弃，所以不停地刷存在感，让小森左右为难。其实独立性人格中的疏离感和依赖性人格中的脆弱感偶尔出现也没关系，她要做的是选取独立性人格中勇敢自主的部分,选择依赖性人格中柔和的部分,这样的整合会让她的内在世界变得更加统一,从而消除心中的自我否定情绪。

小森经过一段时间的心理成长,最后对她现阶段的人生处境做出抉择:我已经长大了,可以离开父母独自生活了,我可以选择自己喜欢的城市生活,选择和自己爱的人在一起。

在经历个人心理成长之后,不同的人会做出不一样的决定。他们会结合自己过去的经历和当下的感受,觉察到当下想要的生活。有时候只需要转变心态,每一天的日子就会和以前的日子大不相同。

我们需要接纳自己的心理状态和身体状态,这样才能使我们活得更加轻松自在。下面我们一起做一个自我接纳的训练。

【自我接纳训练】

训练方式:阅读下面的部分,同时将注意力带入文字之中,可以允许自己在心中默念,或者大声读出来。

1. 外在接纳

无论我身材高矮、体形胖瘦、容貌如何、健康与否,我接纳这些已经成为事实的部分。我接纳独一无二的自己,接受已经存在的自己。我将对自己的爱注入身体的每一个细胞之中,任它们喜悦地跳动着。感谢我的身体让我能充分地体验人生的缤纷多彩。

2. 内在接纳

无论我的内在世界是独立还是依赖,心理状态是喜悦还是悲伤,是愤怒还是哀愁,无论我的能力是高是低,我现在是顺境还是逆境,我都可以接受。我接纳自己此刻的心理状态,接纳自己现阶段的能力表现,接纳自己人生此刻正在经历的一切。因为这些经历使我完整,这能说明我具有敏锐的感受力,能觉察到生命之花正在绽放,它在经历风雨,也在经历彩虹。

【心理接纳训练作业】

每天睁开眼睛之后,提醒自己全方位地接纳自己,无论是自己的外在还是内在。

气质类型评估:你了解自己的先天属性吗?

(上)

人的先天属性是难以改变的。先天属性在心理学领域被称为先天气质,这种气质与我们平时所说的气质不同。当我们夸赞一个人"很有气质"时,说的不是先天属性,而是从一个人的外形透露出来的魅力。

一个人如果不了解自己的先天属性,往往会因为自己与他人不同而感到困惑。比如,自己的朋友很开朗,但自己很内向,想成为开朗的人,却感到无能为力;自己看事情比较简单,但是朋友看事情比较深刻,想成为深刻的人,却感到很挫败;自己的朋友人际关系很好,但自己没什么朋友,想拥有更多朋友,却感到经营人际关系十分复杂;等等。

我们需要了解自己的先天气质属性，并接纳自己的属性，才能更加坦然地接受自己与众不同。

（中）

根据古希腊医生希波克拉底的体液理论，心理学将先天气质概括为4种类型，即胆汁质、多血质、黏液质和抑郁质。不过，研究发现，单独属于其中一种气质的人并不多见，更多的是介于其中几种气质属性之间的混合型和中间型。

为了便于读者理解，我用著名文学作品《西游记》中的4个角色来类比分析，从而更好地区分这4种属性的不同之处。

1.胆汁质——孙悟空

精力旺盛、能力超群、不知疲倦、脾气火暴、情绪亢奋，通常难以克制自己的情绪。胆汁质的人就像《西游记》中的孙悟空，能力很强，善于处理突发情况，但是脾气暴躁，不易受自己和外界的控制。

2.多血质——猪八戒

善于处理人际关系，活泼好动；容易分心，做事三分钟热度；容易接受新鲜事物，适应新环境能力较强。多血质的人就像《西游记》中的猪八戒，性格乐观，有些懒惰，但是适应能力很强。

3.黏液质——沙僧

谦卑和善、勤劳质朴、情绪稳定、不善言谈、踏实严谨、缺乏创造力、循规蹈矩。黏液质的人就像《西游记》中的沙僧，任劳任怨,为人靠谱,但是面临突发状态,往往不知道如何应对。

4.抑郁质——唐僧

人格高尚、目标远大、敏感脆弱、胆小多疑、寡欢孤僻、不善交往、内心体验深刻、不容易被打动。抑郁质的人就像《西游记》中的唐僧,有宏大的愿望,希望实现自己的最高价值。除了实现自我最高价值,很难因为其他事情感到开心。

以上的4种先天气质,也是日常生活中人们最典型的几种气质类型。

(下)

先天气质评估示范。

(根据心理咨询的保密原则,以下案例已经作了化名处理,并进行了相应的改编。)

案例基本信息:小城,男,26岁,作家。

过去的我:先天气质是胆汁质(孙悟空)和多血质(猪八戒)。过去的我和家人相处时不善于控制脾气,经常会因为家人的一句话不顺耳就与家人发生争吵,但是我很善于和朋友打交道,朋友待我真诚,对我十分仗义。

现在的我:偏向于多血质(猪八戒)和抑郁质(唐僧)的混合型。我既有善于人际交往的一面,又有着自己的远大目标。如果实现了最高价值,成为一名优秀的作家,写出有意义的作品,能让我感到十分快乐,但是在实现目标的路上遇到挫折会让我自我怀疑,变得沮丧。

请你结合4种先天气质类型进行自我评估。

过去的我：

_____

_____

现在的我：

_____

_____

我们会发现，无论是哪一种先天气质属性，都有积极面也有消极面。但无论是积极特征还是消极特征，似乎并不影响人们成为独一无二的自己。我认为只要一个人是善良、正直的，无论怎样度过这一生都挺好的。不同的人生活姿态没有对错之分。或许你曾经因为自己与他人不同而自我怀疑，但是做完先天气质评估之后，相信你会对自己有更深刻的认识。

接下来的人生，你将能更好地看清人与人之间的差异。对自己的接纳度更高之后，对外界的接纳度也会更高，最典型的表现是：原来自己看不顺眼的那些人，似乎也没有那么讨厌了。因为人都是如此，没有那么好，也没有那么坏。

积极品质测试：你的身上藏着钻石

（上）

在心理咨询前，咨询师往往会让来访者先填一个心理评估表。我设计的心理评估表最下面有一栏："您身上有哪些优点？"

这一栏设置的目的是了解当事人的自我接纳程度以及自信程度。但遗憾的是,我发现很多来访者的这一栏是空缺的,即便填写了,优点也不超过3项。这意味着他们不知道自身的积极品质,或者认为自己的积极品质少之又少。

这和我们的传统教育有关系。从小我们就被不断提醒自己有许多"不足之处",这些观念往往来自父母、老师,他们的出发点是让孩子保持谦卑,避免骄傲。然而,如此一来,我们便内化了一些观点,真的认为自己缺点很多,没什么值得肯定的地方。慢慢地,我们谦卑到了骨子里,既谦虚又自卑。

但是,这样真的好吗?

至少心理学不这样认为。心理学更提倡发掘自己的优势,而不是补足自己的短板。成长路上的"自省",多数人认为是反思自己做得不够好的地方。而我认为,真正的"自省"是反思自己做得好的地方,然后去强化这些优势。

因为发挥优势这一点对于个人心理成长十分重要,所以在这一章笔者会对读者反复进行自我接纳训练、优势发掘训练,目的在于强化读者自动化的觉醒意识,帮助读者内化习得性积极思维的模式。

(中)

在心理咨询过程中笔者设计了一个环节,用于开发和强化来访者的积极品质,让来访者将内在的、被隐藏起来的积极品质外显出来,从而看见自己内心闪闪发光的部分。这个环节尤其适合

看得见的心理成长
如何掌控情绪，发现自我

那些受过打压，从而怀疑自己的来访者。

（根据心理咨询的保密原则，以下案例已经作了化名处理，并进行了相应的改编。）

小柯，女，22岁。

小柯今年读大二，在学校人际关系不太好，总是觉得自己难以融入别人的圈子。小柯的内心有个声音经常对自己说："如果别人了解你，就会知道你有多糟糕了，最后他们还是会欺负你的。"

小柯说："如果我注定这一生没有那么多朋友也没什么，但是我的男朋友也发现我越来越多的缺点。我很受伤，可能我真的是一个很糟糕的人，因为我什么优点都没有。"

现在的小柯过度关注了自己的缺点，导致她产生了沮丧、受伤、自罪的情绪。

于是，我安排她做了一个积极品质的唤醒测试，帮助她重新定义自己。

我让她从以下20个词语中选出让自己内心有所触动的几个词：

1. 真诚
2. 诚实
3. 理解
4. 忠诚
5. 真实
6. 可信
7. 智慧
8. 可信赖

9. 有思想

10. 体贴

11. 热情

12. 善良

13. 友好

14. 快乐

15. 不自私

16. 幽默

17. 负责

18. 开朗

19. 信任

20. 洒脱

以下是小柯凭第一感觉选择的词语：

1. 真诚

2. 可信

3. 体贴

4. 善良

5. 友好

6. 负责

7. 开朗

【积极品质测试解析】

这个测试的目的在于了解小柯内在的积极品质。我们凭第一

看得见的心理成长
如何掌控情绪，发现自我

感觉选择的词语便是我们内在已经具备的积极品质。从心理学的角度来说，如果不具备某种品质，是难以对某个积极品质的词语产生心理触动的。虽然小柯只选出了7个，但是对现阶段的小柯来说已经是不错的状态了。

小柯过去一直不认为自己是真诚、可信、体贴、善良、友好、负责的，但是当做完这次测试之后，我让她回顾过去，她能找到体现这些积极品质的经历。

比如，家人、老师和同学拜托她的事情，她只要答应了，总能很好地完成，这体现了"可信"和"负责"；她总能关心男朋友学业是否辛苦，这体现了"体贴"；她从来不会欺骗别人，这体现了"真诚"。当听到小柯叙述的这些能证明她具备这些积极品质的时候，我为她感到开心。

但是小柯存在一个很大的困惑，就是"开朗"这项积极品质。因为近几年她似乎过得很忧郁，那么"开朗"从何说起呢？

于是我们共同展开了进一步的探讨。我尝试让小柯将经历的负面事件从生命里剔除出去，去回忆那些让她感觉开心的事情。她立刻意识到，其实她也有开朗的一面。只不过太长的时间里，她关注的都是负面事件，没有认真体会过那些开心的事情。比如，她在学校里虽然朋友不多，但是有两个朋友会约她看电影、喝奶茶，这些事情就让她很开心；有一次在学校食堂里，食堂大妈给她一个大鸡腿，这也让她很开心；男朋友在下雨的时候给自己送伞，她也感到很开心；生日的时候爸妈给她买了蛋糕送到学校，这让她感到很幸福；等等。其实她是容易开心和满足的，她内在有一部分是开朗的,只不过这么多年来,她给自己贴了太多负面标签——"忧郁""敏感""缺点多"……让她真的以为自己是不开朗的人。

(下)

下面,你也做一个积极品质的测试,来发现你身上那些闪闪发光的钻石吧。

1. 真诚
2. 诚实
3. 理解
4. 忠诚
5. 真实
6. 可信
7. 智慧
8. 可信赖
9. 有思想
10. 体贴
11. 热情
12. 善良
13. 友好
14. 快乐
15. 不自私

16. 幽默

17. 负责

18. 开朗

19. 信任

20. 洒脱

你的选择是:

_____

_____

恭喜你,说明你具备这些积极品质!

对应你拥有这些积极品质的人生经历有哪些:

_____

_____

_____

_____

恭喜你,发掘出属于你自己的宝藏!

人本主义:需要的层次,你在追求哪几层?

(上)

在第一章的心理评估中,我们从人本主义心理学家马斯洛早期的需要层次理论，了解了人从低到高不同层次的需要，主要包括生理的需要、安全的需要、归属和爱的需要、尊重的需要、自我实现的需要这5种。

我们在前面也了解到人本主义后期的需要理论发生了演变，证实了人会在同一时期进行不同的追求。比如，一个人追求生理的需要的同时，也会追求尊重的需要。虽然我们熟悉了人本主义的需要理论，但是仅仅从前面的理论来看，很多人依然不太了解自己真正在追求什么。或者，我们是否在同时追求所有的需要呢？我们仍需要从旁观者的角度来看一些真实发生的案例，从而更好地了解自己。

比如一个男孩在追求一个漂亮女孩，看起来是在追求爱情，属于归属和爱的需要。但是从生理需要的层次来说，男孩追求的是女孩优质的基因对于繁衍后代的价值。深层次心理追求的是自己的个人价值：如果这个漂亮女孩和自己在一起，说明自己是优秀的。

所以我们如果从心理学的角度看待爱情，就更容易理解为什么求而不得的爱情会让人那么痛苦了。因为它牵动着多层次需要，具有摧毁性的力量。一旦没有追求到自己想要的爱情，许多人就会出现类似于抑郁的情况：自我怀疑、自怨自艾、寝食难安。因为如果得不到那份情感，似乎意味着自己的一切都不值得肯定。所以一段成功的爱情，具有神奇的心理疗愈功能，这意味着两个人彼此接纳。美好的爱情不仅使人快乐，还使人身心健康。

下面的案例会谈及当下人们最感兴趣的两个话题：情感与金钱。

看得见的心理成长
如何掌控情绪，发现自我

我们一起来看看当事人的这两种需要牵动了哪几个层次的需要。

（中）

（根据心理咨询的保密原则，以下案例已经作了化名处理，并进行了相应的改编。）

小迪，男，28岁，设计师。

小迪是一个很英俊的男孩，183cm的身高，风度翩翩。毕业之后，从第一份工作开始，他便想要开一家自己的设计公司。26岁的时候，他的心愿达成了。他常说："我并不是一个有情怀的设计师，我只需要给甲方要的，收到尾款就行。"

小迪有一个很漂亮的女朋友，对方家中很富有。他们虽然偶尔会吵架，但是感情不错。他说："其实我就喜欢这样的'白富美'。有爱情又有钱，人生完美。"

看起来小迪是一个十分清楚自己想要什么的人。对于他而言，人生的需求是金钱和情感。那两年的他可谓春风得意。

但是接下来公司开始面临市场竞争，出现生存危机时，他是这样说的：

"哪怕忘掉情怀只做甲方的东西，似乎也不能让自己赚更多的钱。当市场开始转型，越来越多的年轻人成为消费主力军时，那些年轻的客户要的是创意，这个时候我的公司却败下阵来。在长期迎合之前市场赚钱的时候，忘了坚持创新，忘了市场是发展的，这成为公司面临失败的主要原因。

"人生有时候很奇怪，倒霉的时候坏事一件接着一件。女朋友爱上了她所在公司的一个男孩。那个男孩很关心她，于是两个人暗生情愫。我开始反思是不是这几年太想在女孩父母那里证明自己的能力和尊严，所以拼命工作，反而承受了更大的损失。

"我原本以为自己可以接受情感出轨的女朋友，因为她满足我对伴侣的一切想象。但她爱上了别人，我们的关系似乎回不到从前了。"

事业和情感是决定幸福的两个重要元素。小迪这两个部分都出现了问题，对他打击很大。他开始出现暴饮暴食的情况，体重从160斤暴增到210斤。他和女朋友吵架之后用出轨报复对方，他们的关系逐渐走向破裂。

关于感情部分的回忆，使他最受伤的是他们已经计划结婚，甚至已经看了婚礼的场地。规划过未来的感情，在分开的时候是很让人受伤的，因为心中已经有对未来某一刻具体的期待，一旦落空，人便会陷入一种对生活的失控感。这种失控感会让人暂时丧失对未来的信心，也会让人对未知的恐惧瞬间加深，陷入一种虚无感。

（下）

起初，小迪看似在追求情感（归属和爱的需要）和金钱。其实除了归属和爱的需要，小迪还在追求的是安全需求和尊重的需要。在自我价值实现的部分表现在，他追求女孩父母的肯定。但是实际上，与其将自我价值实现寄托于外界，不如把自己的公司经营好，把感情本身经营好。

小迪以为自己赚到更多的钱，就能使生活中的危机解除，然而金钱并不能实现每一层需要。金钱和需要的实现具有相关性，但不是因果关系。

关于金钱有一个说法:"唯一和钱无关的就是金钱,除此之外金钱和一切都有关。"

获取金钱背后的原因往往是自我实现的需要、尊重的需要、归属和爱的需要、安全的需要、生理的需要。金钱原本没有善恶之分,它只是货币,是人生的筹码。但因为经济在不断发展,人们发现用金钱能换取很多东西,才有了善恶之分。我们需要通过金钱来证明自己是值得被尊重,值得被爱的,才会通过不断获取更多的金钱使自己感到安全。

所以,我们可以清楚地了解,当一个人在追求金钱的时候,他其实是在追求心理层面的需要。但是君子爱财,取之有道。我希望读者在实现自我价值的同时也让自己收获金钱,因为两者并不冲突。

【心理探索练习】

生理的需要、安全的需要、归属和爱的需要、尊重的需要、自我实现的需要这5种需要——

你现在满足了哪几个层次的需要?

你正在追求哪几个层次的需要?

你打算如何在实现自我价值的同时收获金钱?

精神分析：你的身体里，藏着几个不同的自己？

（上）

心理学家弗洛伊德提出著名的心理学理论：每个人都有三个我，分别是超我、自我、本我。**超我**为了适应社会规则而存在，被道德和良知所控制，就像**父母版**的自己；**自我**用于处理现实问题，就像**成年版**的自己；**本我**遵循快乐原则，不受规则约束，就像**孩子版**的自己。

为了便于理解，我们可以将弗洛伊德的这个原则解读为每个人的内在世界住着三个自己，分别为：父母版的自己、成年版的自己、孩子版的自己。以下简称"**父母我**""**成年我**""**孩子我**"。

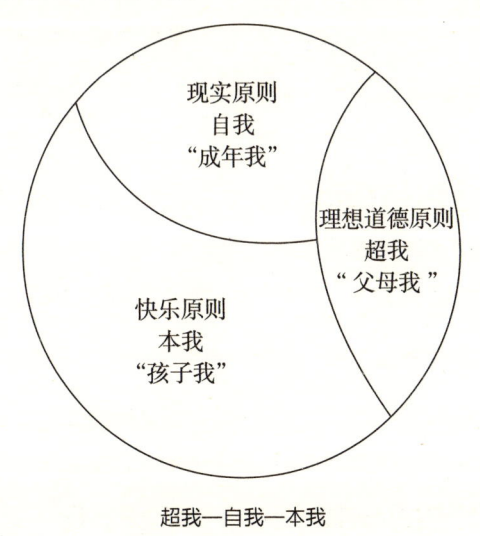

现实原则
自我
"成年我"

理想道德原则
超我
"父母我"

快乐原则
本我
"孩子我"

超我—自我—本我

看得见的心理成长
如何掌控情绪，发现自我

如果我们能很好地意识到自己内部存在三个不同的角色、三种不同的声音，便不难理解为什么我们会出现如此多的外在冲突和内在矛盾了。

外在的冲突出现，往往是因为每个人协调内在三个"我"的能力不同。有的人放任其中一个"我"过于强势，导致其这个"我"占据主导地位，于是带着这个视角看世界，引发了许多与周围人的摩擦和争吵。

比如，一个"父母我"过于强大的人，会经常指责他人不够高尚；一个"孩子我"过于强大的人，会嫌弃他人迂腐乏味。我们看到，外界的许多争吵都是各执一词。只要我们耐心听完他们吵架的内容就会发现，他们争吵的根源往往在于他们的内在我分工不均。

内在矛盾的出现，往往是在我们发现不知道如何决定一件事情的时候。比如，结婚了该不该通知同事？"父母我"认为应该通知同事，这样做对于拉近同事关系有好处；而"孩子我"认为通知同事很麻烦，没这个必要，因为有的人也不愿意参加同事的婚礼。这个时候我们的内在便产生矛盾，开始陷入纠结。内在的两个声音开始吵架，"父母我"道德批判自己不懂处理人际关系；"孩子我"指责"父母我"做事前怕狼后怕虎，不知道与时俱进。但是，这个时候如果"成年我"调和"父母我"和"孩子我"的矛盾，对另外两个声音说："那就请关系好的几个同事，私下通知就好。"这样便皆大欢喜，化解了矛盾。

所以，我们需要协调好内在的几个声音，让"成年我"起到调节的作用。这样我们内在达到统一，内在的矛盾就会少很多。

（中）

（根据心理咨询的保密原则，以下案例已经作了化名处理，并进行了相应的改编。）

小甘，男，25岁，培训顾问。

小甘在一家培训机构做课程顾问，成了销售冠军。老板发现了小甘的才能，于是提升小甘为销售主管。通过短短一年的时间成为销售主管，小甘感到十分有成就感。他内心对老板非常感激。

小甘手上掌握着许多公司的客户资源，但是老板很信任小甘，将资源放心地交到小甘的手上，这让他感到自己被重视。

小甘的老板什么都好，愿意给小甘成长机会，也愿意培养小甘，唯一让小甘心里难受的一点是：老板会频繁让小甘请他喝酒、唱歌。

小甘每月到手的工资是1万余元，但有时候一个月请老板喝酒就能花掉几千元。加上小甘平时的开支，每月的工资所剩无几。小甘感觉心里不是滋味，但是心心念念老板对自己有提拔之恩，所以左右为难，不敢对老板说明自己的苦衷。

就这样又过了半年，小甘过着有苦说不出的日子。直到他的一个客户李总邀请小甘成为合伙人，一起做培训机构，小甘便坐不住了。

这位李总给出的条件十分丰厚，让小甘难以拒绝。唯一让小甘有所顾虑的是：培训机构的地址离他现在工作的地方很近，而且对方暗示他将原来的客户资源带过来。这样一来，小甘便犯难了。

于是，小甘前来寻求心理咨询的帮助。

（下）

在我为小甘讲了"父母我"（超我）、"成年我"（自我）、"孩子我"（本我）的理论之后，他意识到内在的几个自己在争吵不休，导致自己左右为难。我请他尝试进行自我分析，以下是小甘的分析。

我的"父母我"在说："现在的老板给了我职业发展的空间，也十分信任我。他是我的贵人，也是我的伯乐。我过去从未被谁这么重视过，内心是感激他的。做人要有良心，不能见利忘义。我答应过他要继续帮他，不能言而无信。"

我的"孩子我"在说："这个老板也太让人讨厌了，怎么总是让员工请他喝酒呢？偶尔请一次就算了，这样长期下去谁也受不了。我打工是为了赚钱，不是为了给老板花钱的。我自己的钱都不够花。他是个老板，这样做也太不合适了。我现在已经很恼火了，趁早离开他才是正道。现在有这么好的机会，我的未来发展会更好，还能自己当老板，为什么不走？就算带走资源又怎么了？都是我自己开发的，这不是挺正常的事吗？"

之前"成年我"一直没吭声，我不知道他会说什么。我试试吧。

我的"成年我"可能会说："你们俩别吵了，说得都有道理。我们一起想想有没有两全其美的办法。要不先找老板谈谈，说明自己的难处,告诉他自己以后不能请他喝酒了。如果他装傻,我就离开。但是客户资源我不带走,免得良心不安。再说了,以我的本事,换一个新的地方,通过我之前的营销方式,依然可以开发许多资源,这方面不用担心。但是如果他以后改正,我就先留下来,然后找李总谈谈,向他解释情况,因为我这个人重情义,等找到新的接替人选,我再离开。虽然我不会带走之前的客户资源,但是忠实的客户资源要跟我去新公司,我也不会拒绝。如果决定合伙干,我会积极准备我的营销策划方案,力争把新的机构做好做强。"

小甘做完自我分析之后感慨道:"我觉得还挺神奇的,之前我只放任'父母我'和'孩子我'争吵不休。没想到'成年我'才是最理智、最恰当的角色,其他两个角色的看法对于我而言都太极端了。我以后需要多多练习,听三个角色不同的声音,然后让'成年我'做决定。这样就能处理生活中的各种纠结了。"

我认为小甘的成长很快,这能证明关照好内在的三个自己何其重要!

【自我疏导练习】

你最近遇到了哪些让你矛盾、纠结的事?

_____

_____

_____

你的"父母我"和"孩子我"对这些事分别发表了什么样的

看得见的心理成长
如何掌控情绪，发现自我

观点？

_____

_____

_____

你的"成年我"打算怎样协调这件事，获得满意的结果？

_____

_____

_____

CHAPTER 4　世界·不安·温度

人从出生那一刻起，一直保留着人类祖先留下的危机意识。如果当初我们的祖先没有危机意识，很可能就被危险吞噬，如自然灾害、野兽攻击、不同族群的地盘争夺等，每一种都是致命的危险。因此，我们的人类能延续至今，很多时候要感谢我们心中的不安全感。不安全感很多时候能帮我们规避风险，能让我们的生命很好地延续下去。所以，对于不安全感，我的态度是与它为友，并且很好地利用"居安思危"的哲学思想去生活，而不是强迫自己变得无所畏惧，那样反而是不安全的。这一章的目的在于帮助读者看清内在的不安全感是否过度，如果过度，需要通过书中的一些方式将其控制在一个良性范围内，以便我们更好地适应当下的生活，毕竟现在的社会和原始社会是截然不同的。

自我投射：为什么你没有安全感？

我们一起来玩一个心理游戏，这个游戏叫作欧卡，是由德国人本主义心理学家莫里兹·艾格迈尔与墨西哥艺术家伊利·拉

看得见的心理成长
如何掌控情绪，发现自我

曼共同创作的潜意识图卡。欧卡现在被广泛用于心理咨询过程中，探索来访者的内心。和其他的卡牌不同，欧卡没有设定规则，主要通过咨询师不断提问，来访者凭直觉回应，达到探索内心世界、剖析心理世界的作用，目的在于让来访者看见最真实的自己。这就类似于我们在欣赏一幅画作，也许每个人看到画的感受都不一样，但是那些感受代表自己人生经验所转化的体验。

【游戏练习】

尝试观察这张图卡。

潜意识图卡

这张图给你什么感受?

图中的人是谁?

图中的人在做什么?

这张图让你联想到哪些生命经验?

如果想要变得让你更加满意,这张图需要发生哪些改变?

欧卡一共有88张图卡和88张字卡,上图是其中的一张。在我咨询的经验中,这一张能最直接有效地让人联想到让自己感到不安的事物。这种图往往让人感觉不太舒服,因为它的阴影

看得见的心理成长
如何掌控情绪，发现自我

部分太重，加上人对自己恐惧的事物倾向于回避，所以会加重这种感觉。

下面，我会试着列举一些曾经通过这张图卡探索的关于不安全感的故事。

案例：我曾经让一对找我咨询的情侣看这张图卡。

咨询原因：女孩每天都要查看男孩的手机，而男孩对此感到十分不满，希望通过心理咨询调节关系，帮助女孩建立安全感。

女孩的解读是：这个人在暗中观察，她想发现一些她没发现的秘密。了解之后，才知道她的前男朋友曾经出轨。她最担心的是，自己会遭到背叛，恋人会欺骗自己，而自己被蒙在鼓里。她要知道一切，这样才能使她感到安全，所以她选择在每天深夜翻看现男朋友的手机，目的在于了解真相。

男孩的解读是：这个人是一个小偷，他想偷走珍贵的名画或者其他事物，但是他一定会被抓住。他可能持有刀子或者手枪，发现他的人也许会有危险。了解之下，才知道他一直害怕复杂的人际交往，如果身边出现像画中的危险的人，会让他很恐慌。所以他选择的朋友都是心思简单的人，这会让他感到安全。

咨询建议：欧卡的规则是咨询师不给出建议，希望来访者自行探索出结果。但是现在越来越多的人讲究效率，希望尽快知道答案，所以我还是给出了分析。我建议这对情侣以后的相处方式调整为，女孩尊重男孩的隐私，尽量降低查看对方手机的频率。男朋友体谅女朋友的不安全感，让女孩一个月看2—3次手机。这样便皆大欢喜了。至于男孩希望寻找简单的人际关系环境，那么之后他尽量选择满足自己意愿的工作即可。

综上所述，人没有安全感是一种投射的作用。因为我们认为世界是危险的，是不安全的。投射指的是，我们内在所感知到的，外化到认为外在世界也是如此，并以这个视角审视一切人和事。

安全感较高的人，看到的世界是可信赖的，身边的人是可信赖的。安全感较低的人，看到的世界是不安全的，身边的人是不值得信赖的。不安全感一部分源于天然的不安全感，另一部分源于后天成长的过程中发生了一些冲击内在安全系统的事件，导致不安全感加重。

心理学研究表明，女性在生理期来临的前几天不安全感会加重，情绪波动较大，容易出现脆弱、烦躁、易怒等表现，根源在于女性潜意识里认为自己的吸引力受到了威胁。男性在工作不顺利的时候会加重不安全感的表现，容易出现回避社会交往和敌视外界的情绪，根源在于社会地位受到了威胁。

我们在处于不安全感状态时，需要第一时间觉察自己当下的处境，安抚自己的情绪。可以参考书中关于调节情绪的章节进行自我调节，但最主要的还是先建立自己的安全系统。

没有安全感的人，如何建立安全系统？

你也许经历过愤怒之火蔓延全身的情况。那一刻无论他人怎样安抚，都难以使自己平静下来。这是因为认为自己不值得相信的我们，对外界的一切都看不顺眼，时刻准备战斗，通过各种手段来保护自己的主权。

（上）

（根据心理咨询的保密原则，以下案例已经作了化名处理，并进行了相应的改编。）

张宏，男，30岁，结婚7年，有个5岁的女儿。

张宏的妻子对我说："他现在动不动就骂人，我全家都被骂了个遍。他除了对女儿能温柔一点，其他人好像都是他的仇人。更过分的是，他现在还有动手打人的想法，这和我刚认识他的时候完全不一样，我看我们的婚姻是维持不下去了。"

张宏妻子的一番话，让我感到十分好奇。为何结婚之后他就像变了一个人？让我们一起细细探究。

进一步沟通之后，我了解到张宏从小家境贫寒，是通过自己的努力考上了好的大学，获得了好的工作。可想而知，一个出身贫寒的人，一路上披荆斩棘多么辛苦，才能为自己争取到好前程。英雄不问出处，家境并不意味着人的高低贵贱，但这却是他心中无法拔出的刺。

张宏的父母婚姻非常不幸福，他从小爹不疼、娘不爱（在他心中是这样认为的）。只要他有些顽皮，母亲就会狠狠地打他，以致长大以后他对母亲爱恨交织。当妻子成为母亲之后，他将原来对母亲的恨意转移到了妻子身上。只要妻子对孩子稍加管教，就会触动他敏感的神经。

而他妻子的父母婚姻和谐，这也是最初妻子吸引他的原因。生在和谐的家庭的孩子，往往比较宽容。

起初，妻子一再忍让他的谩骂，希望他会反思，但换来的是他的变本加厉。他在无意识中复制原生家庭父母的模式，以致婚后每天硝烟弥漫，不得安宁。

他经常对妻子说的话是："我后悔和你结婚，你的家庭简直是地狱。你自己还不知道！"

通常张宏这样说，妻子的回应是："我爸妈都是为了我们好。"

婚后，只要妻子的父母提出一些建议，他都会爆发，一通谩骂。这是因为他为自己的原生家庭感到自卑，又因为高自尊，不允许任何否定自己的声音出现，仿佛深层心理有个声音在说："只要我足够强势，反过来攻击你们，你们的批评和指责就影响不到我。"

（中）

没有安全感的人突出的表现之一是强势。因为强势是具有力量感的，能压制住那些我们不愿意听见的声音，拒绝那些我们不想发生的事。这从心理学的角度来讲，是一种保护机制。但过分的强势，只能压制内心深层的恐惧，无法从根本上去除我们所害怕的东西。

张宏因为从小被母亲通过暴力的方式压制，以致他没有机会习得好的沟通方式。暴怒，是他所知道的自我保护方式。但是显然，这种方式不但没能保护他，还将他的婚姻推向了毁灭。

看得见的心理成长
如何掌控情绪，发现自我

他不熟悉美好的婚姻是什么样的，甚至对此感到陌生和恐惧。他的原生家庭不论给他带来多大的伤害，对于他而言都是熟悉、安全的。

心理学有个理论叫作**强迫性重复**，指的是人会在无意识的情况下重演过去的创伤模式，使自己获得修复、纠正的机会。所以，有些人会制造一些"机会"使自己弥补过去的创伤。虽然弥补的过程是痛苦的，但是如果当事人没有意识到，就可能陷入这个旋涡之中，难以自拔。

也许人的意识层面在努力追求幸福，但无意识和潜意识层面却在处处抗拒，处处作斗争，就像故事中的主角一样。一段好的婚姻，就像一块甜美的蛋糕。但是对于一个从小在情感上饥饿的孩子来说，蛋糕是不属于自己的，即便拿到手中，他也会怀疑是否"有毒"。这种莫大的不安全感使他长大之后处处防备，甚至不允许阳光照进生活。

在我看来，张宏是十分让人心疼的。因为每个人都是有价值的，无论出身如何，有什么样的社会地位，都值得拥有快乐的生活。无须用过去的经历将自己禁锢起来，摧毁自己美好的未来。我们需要做的是看见自己内心的不安，然后化解它。

（下）

如何改变强势的姿态，告别不必要的强迫性重复，打破过往的魔咒，我们可以做一些自我成长的心理游戏。

方式：根据要求对自己进行评分，并写出得分和失分的理由。

1. 你的强势分值（0—10分）：
_____
_____

你得分的理由：
_____
_____

你失分的理由：
_____
_____

2. 你的强迫性重复分值（0—10分）：
_____
_____

你得分的理由：
_____
_____

你失分的理由：
_____
_____

评分之后，你大概对自己当下的不安全程度有了一些了解。接下来我们需要带着成长后的自己，回顾过去发生的事情，来帮

看得见的心理成长
如何掌控情绪，发现自我

助自己看见那些不安全感是如何积累的，是如何一层层为自己添上坚硬的外壳来保护自己的。只有看见它们，才能面对它们，最终得以修复。

下列理由，你可以进行勾选，一起来看看是哪些理由导致你没有安全感的。

（1）父亲的冷漠（或语言、肢体暴力）。（ ）

（2）母亲的冷漠（或语言、肢体暴力）。（ ）

（3）家人离世。（ ）

（4）童年的意外事件。（ ）

（5）老师的批评。（ ）

（6）学业的失利。（ ）

（7）恋爱遇到拒绝（或抛弃）。（ ）

（8）离婚或者丧偶。（ ）

（9）职场上的挫折或压力。（ ）

（10）朋友的欺骗。（ ）

（11）突发的疾病。（ ）

（12）战争。（ ）

（以下可以自行补充）

（13）　　　　　　　　　　　　　　（ ）

（14）　　　　　　　　　　　　　　（ ）

（15）　　　　　　　　　　　　　　（ ）

以上述勾选的事件为前提,在下面的空白处写下自己脑海中的画面:当年,在什么样的时间,发生了什么事?自己当时的心情和现在的心情分别是什么样的?现在的你,是怎样评价当时的事件的?然后将写出的文字,在房间里大声地读出来。

_____

_____

_____

_____

_____

如果你写出来并大声读出来,说明你在心里已经能做到勇敢地面对过往相应的创伤事件了。勇敢地面对创伤,是建立安全系统最关键的一步。

满灌疗法:杀死那只猴子

焦虑的根源在于恐惧。如果想要降低焦虑感,我们需要学会控制内心的波动。

满灌疗法又称暴露疗法,其方式是使当事人直接暴露在自己恐惧的情境之中。因为刺激源对当事人的内在冲击十分强烈,所以称为满灌。此疗法的目的在于让当事人对害怕的刺激习以为常,最终消除对刺激源的恐惧心理。

以下是我经手的关于满灌疗法的代表性案例,一个是广场恐惧伴有社交恐惧，一个是高处恐惧伴有黑暗恐惧。下面请你从旁观者的角度学习满灌疗法，看看当事人经历了哪些心理变化。

（上）

（根据心理咨询的保密原则，以下案例已经作了化名处理，并进行了相应的改编。）

故事一

安琪，女，36岁，已婚，有两个孩子。

安琪出现广场恐惧已经两年了，她很担心出门之后警察会来抓自己。这种恐惧导致她不敢出门，也不愿意见任何朋友。因为一旦去见朋友，朋友就会发现她表现得很不自然。这种状态会让朋友觉得她是个怪人。所以，她经常把自己关在家里。

因为不能出门，孩子每天由她的丈夫送去上学。所以孩子和自己不是很亲近，她对此感到十分内疚，于是寻求心理咨询的帮助。

行为疗法不会格外关注当事人过去发生了什么，更多的是关注当事人当下处理事情的思维模式和行为方式。

咨询最开始的时候，我让她填了以下表格，建议她选择几个让她印象深刻的情境。

日期	情境	情绪	自动想法	合理回答	积极行动
2018.12.25	圣诞节家庭出游	紧张	警察会抓住自己	无	无
2019.9.10	同学聚会	心烦意乱	朋友会发现自己不正常	无	无

续表

日期	情境	情绪	自动想法	合理回答	积极行动
2019.11.6	送孩子去上学	很害怕	担心路上会出事	无	无
2020.10.7	去公园散步	很害怕	警察会抓住自己	无	无

从表格来看，安琪因为内心的恐惧对生活造成了很大的影响，主要原因在于认知扭曲。心理学家阿伦·贝克曾提出"认知扭曲（cognitive distortion）"的概念，指的是我们执着于一些并不存在或者完全错误的认知，这些认知会导致负面的思考、情绪和行为，让我们难以走出困境。

于是，根据安琪的严重程度（因为她没有任何合理回答和积极行动），做完首次咨询后，我为安琪安排了一次咨询作业，来改变她认知扭曲的情况。

作业的内容是：连续一周去附近人最多的公园，每次要在公园的长椅上坐3个小时。每次记录自己的情绪和感受。

没想到两天之后，安琪与我联系，说她不再害怕去人多的地方了。这一进展超出了我的预料。

原来，当安琪第一天去公园的时候，她将自己包裹得很严实，戴着墨镜，心烦意乱地在公园的长椅上翻着手里带着的书。她时不时抬头看着公园里人来人往，感觉自己心脏都要跳出来了。没想到，就在那个时候，有两个警察向她走了过来。她心想完了，警察一定会把自己抓走。她说那个时候，感觉自己浑身都在发抖，嗓子都快冒烟了。她心想，心理咨询师这不是在害她吗？她就不该来公园，那个时候她心里万分后悔。

但是让她意想不到的事情发生了：警察并没有抓走她，只是随便问了她几个问题，然后特别有礼貌地向她挥手告别。

她那一刻突然意识到："我又没违法，怎么会被抓走呢？"于是第二天再去公园的时候，她发现自己心情轻松愉快，不再害怕人多了。

因为她的社交恐惧和广场恐惧持续时间较长，出于谨慎，为了巩固咨询质量，预防复发，我让她去人多的地方坚持一段时间，同时观察自己的心理变化。一段时间之后，我又请她填了一张评估表，这次表里的内容和之前完全不同了。

日期	情境	情绪	自动想法	合理回答	积极行动
2020.10.15	去公园	兴奋、期待	警察会抓住自己	不会的，我又没犯罪	开始和公园里游玩的人打招呼
2020.10.18	同学聚会	忐忑不安	朋友会发现自己不正常	他们不觉得自己不正常，自己并不是异类	主动和朋友聊天，一起有说有笑的
2020.10.20	送孩子去上学	还是有些担心	担心路上会出事	只要注意安全，路上并不会出事	开始送孩子上学
2020.10.25	去公园散步	很开心	自己会紧张	不会的，我已经不再害怕	开始愿意出门，可以去人多的地方

从安琪的案例来看，安琪的内心有对广场的恐惧、对特定事

情的不安。对于对特定的事情恐惧时间较长、社会功能逐渐丧失的人,满灌疗法会有不错的效果。

（中）

故事二

何晖,男,27岁,已婚。

何晖有高处恐惧已经3年了,同时伴有黑暗恐惧。他的恐高和一般人的恐高不同。我们熟知的恐高的人,是对于很高的地方会感到恐惧,如站在楼顶往下看,乘坐飞机处在高空时,登山到了比较高的地方,等等。何晖感到恐惧的高度并不是那么高,但害怕的程度却是有过之而无不及。

他家住在三楼,每天上楼梯在二楼的地方,他便开始出现胸闷、眩晕的情况,有时候还会喘不上气。妻子陪何晖去医院检查,发现他身体各方面指标正常,所以医生归因是出现了心理方面的问题。

何晖形容他到二楼时的感受:感觉每上一个台阶自己都像会从高空坠落。那个高度,对他而言是真的高。也许很多人会觉得不可思议,但是对于像何晖这类的恐高人群而言,二楼就已经是非比寻常的高度了。他基本上每天都是从二楼开始趴在楼梯上爬上三楼的。他自嘲道:"我这才是真正意义上的爬楼梯,其他人说的爬楼梯,怎么跟我比？"

听到他的表述,我心中觉得充满希望。因为他会自嘲,这是幽默的表现。而幽默是体现心理素质的重要标志。

看得见的心理成长
如何掌控情绪，发现自我

根据何晖的情况，我采用了满灌疗法。我建议他向单位请一个月假，然后和太太、邻居商量好，住在3楼的楼梯口进行为期一个月的满灌治疗。

接下来的日子，何晖按照咨询的建议，开始住在楼道里。前两天何晖的反馈是：基本害怕得睡不着，但是后来实在太困了，就睡着了。中间几天想过放弃，但是因为心疼咨询费，也想要彻底摆脱恐高的麻烦，所以还是坚持了下来。

不到一个月，在将近20天的时候，何晖告诉我，他已经不再害怕。他看楼梯都快看吐了。睡前也看着楼梯，睡醒也看着楼梯。听到何晖这样说，我建议他剩下的10天搬到7楼去试试（何晖家是老小区，最高是7层）。于是他带着礼品送给了7楼的邻居，表明来意，又住了10天。这一住，他的恐高就好了。

大家注意到了吗？何晖在治疗恐高的过程中，住在楼道的时候，从头到尾没有提及恐惧黑暗这件事。我也觉得很奇怪，便问了他："你是不是把怕黑也治好了？"

他也感到十分惊讶："是啊，我这些天注意力全在怕高上，都没空想怕黑的事了。我半夜醒来的时候，全部在担心会不会滚下楼梯，都没意识到半夜是黑的。"

我开玩笑说："不是建议你睡在帐篷里吗？如果你真的滚下去，我可担不起这个责任啊。"

他说："哈哈哈，下次注意。哦，不对，没有下次了。"

从何晖的案例来看，何晖有高处恐惧，以及对自身力量的不信任。而满灌疗法很好地帮助了他。

（下）

满灌疗法对于恐惧了很长时间且影响生活质量的人会有很大的帮助。在进行治疗的时候，还是建议在专业的心理咨询师的帮助下，以免出现意外的情况。

比如，当事人的情况没有那么严重，但是用了满灌疗法，可能会加重恐惧的情况。对于没有那么严重的群体，建议还是使用系统脱敏疗法。虽然系统脱敏疗法会慢一些，但是相对而言更加温和。

系统脱敏疗法在于一步步消除恐惧。

比如，一个害怕乘坐电梯、害怕封闭空间的人，脱敏疗法是这么做的：

（1）先让他联想封闭空间，不害怕联想封闭空间之后，进入下一个阶段。

（2）进入半封闭的空间（如开着门的电梯），这个时候需要有人陪伴，这个人应是当事人信任的人。

（3）如果在半封闭的空间里练习一段时间之后不再感到害怕，再进入下一个阶段。

（4）由他一个人待在半封闭的空间里，直到不再害怕。

（5）接下来，由信任的人陪着他去乘坐电梯，直到下一个阶段。

（6）由他一个人在电梯里待着，每次持续时间较短。

（7）让他在电梯里待的时间加长，直到恐惧消除。

而满灌疗法的做法是：直接去电梯里待着，发现可怕的事情不会发生，直到适应后离开。之后，他便对此类封闭的环境不再感到害怕了。

对抗恐惧：那些害怕的事情真的值得害怕吗？

（上）

（根据心理咨询的保密原则，以下案例已经作了化名处理，并进行了相应的改编。）

"我要走了。"

一天晚上，我接到了一个电话咨询，电话那头是一个23岁的男孩，上面是他对我说的第一句话。他的名字叫小童。

当心理咨询师听到一个人说"要走了"，一般不会认为他是要去哪里旅行，或者打算搬家。我的第一反应是：这是一个危机干预的咨询，他想自杀。

危机干预有一套自己的流程，对方想要自杀，便不能避开这个话题。心理咨询师要与他谈论自杀与死亡这个话题。若避开这个话题，当事人会觉得心理咨询师帮不到他，或者害怕他这个念头。

通常在当事人透露出想要自杀的情况下，心理咨询师都会问以下几个问题，这几个问题背后暗藏着心理咨询师可能从不同的方面帮助他：

你想自杀，这个念头多久了？（这个问题可以判断严重程度。）

这是你的一个想法，还是你已经做了计划？（这个问题可以判断严重程度。）

如果是你的一个想法，这个想法是因为什么产生的？（引导对方倾诉内在的委屈或者愤怒。）

如果是一个计划，你打算什么时候执行？（如果了解计划，心理咨询师可以报警，请警察协助挽回生命。心理咨询有保密协议，但是自我伤害和伤害他人属于保密例外。）

你怎样看待死亡？（引导对方客观地看待死亡。）

你怎样看待生命？（引导对方理性地看待生命。）

（中）

通常一个人给心理咨询师打电话，提到自己想要死亡的念头，说明还有生的希望。要知道，一个人如果真的想要离开，对人世间没有任何眷恋，是不会打这个电话的。那么，这个时候心理咨询师即便谈论死亡，也是希望对方向死而生。

小童存在一定程度的抑郁症。他的自杀念头产生了半年，目前还没有做计划。他认为他的人生没有意义，他的生命没有价值。他认为真的去死会对不起自己的父母，这说明他的抑郁症还没到最严重的程度。

这个男孩抑郁的主要原因在于性功能障碍。按道理说，23岁的男孩不应该如此，毕竟刚成长起来，正处于非常富有活力的阶段。了解之后还发现他除了性功能障碍还伴随有清洁强迫症，也就是强迫洗手的行为。

他很讨厌猫，有时候看见猫会有忍不住想杀死它的冲动。原

看得见的心理成长
如何掌控情绪，发现自我

因在于，每次看见猫后回家都要洗很长时间的手，还需要换衣服，给家里消毒。这些工作量太大了，以致他希望猫死掉。

现在这个男孩有两个问题需要我和他共同梳理：一个是性功能障碍，影响了学习和恋爱；一个是清洁强迫症，影响了正常的生活。我们需要一起找到这两件事发生的真相。

我请他模仿福尔摩斯，带着好奇和求真的心理，将自己作为旁观者，一起看看这些年他都发生了什么。

在小童放弃自杀的念头之后，我们安排了为期半年的心理咨询。这期间，我曾请他写下他过去的创伤史。

（1）小学的时候，看过妈妈好朋友的裸体，那个阿姨还摸了他的隐私部位。

（2）初中的时候一次放学回家被猫抓伤过，从那时候起他就很讨厌猫，觉得猫很脏。

（3）高中的时候搬家了，那个小区有很多猫，让自己每天都过得很不开心，因为每天都要洗手。

（4）高二的时候，写了一封情书向隔壁班的女生告白，女孩回信："你这么丑，我瞎了也不会看上你。"

（5）大三的时候，在外交往了一个女朋友，之后女朋友还向他提出性要求，可很快他就发现自己有性功能障碍，于是感到无地自容。

（下）

这个案例的重点之一是探讨小童的性功能障碍问题。我们一直以为女孩是需要保护的对象，其实男孩也是。在全世界，男孩遭到猥亵和性侵的事件不在少数。男孩在小时候看见母亲好朋友的裸体，那个阿姨还摸了他的隐私部位。这件事会对男孩造成性方面的影响。但是我们知道，许多男孩在小的时候会看见母亲、阿姨、姐姐等女性的裸体，按道理来说这不会成为性功能障碍的主要原因。

很多时候，性功能障碍者在生理上是没有性功能障碍的，而是心理上关于性问题的认知出现了偏差。

我和小童共同推测，他的问题在于高中的时候那个女孩拒绝了他，导致他对自己的魅力产生怀疑，加上他在寝室看见室友的生殖器尺寸比自己大，所以加重了自卑感。

大学交往的女朋友，给小童的感觉是她经历丰富，他担心女朋友会拿自己和她过去的男友做比较，嫌弃自己不够好，所以十分紧张，以致无法正常勃起。

男性往往在性方面存在一个误区，认为每一次性活动都应在最短的时间内勃起，以致一旦出现没有勃起的情况，便开始感到恐慌，其实这是再正常不过的情况。还有一个误区在于，认为男性需要在性活动过程中持续很长时间，才是好的状态。

小童生殖器的尺寸属于正常范围，他却一直和寝室里面的其他男孩比较，导致他盲目自卑。其实让女性产生愉悦感，还有其他很多方面更为重要。

小童在性心理咨询之后，对性有了客观的认识，现在已经和女朋友恢复了正常的交往。

这个案例的重点之二是解决小童清洁强迫的问题。提到强迫症，许多人会将其当成疑难杂症。其实，强迫症有一定的好处，有些行业需要强迫症才能做得更好。因为有强迫症的人一般更加严谨、仔细。

带着强迫症生活也挺好的，选择适合自己的职业，能起到锦上添花的作用。但是如果强迫症过度了，影响到了生活，我们就可以采取一些心理学方法进行调节。

对于强迫症，最好的自我疗愈方法是"森田疗法"。

森田疗法，也被称为禅疗法，是一种顺其自然的疗法，由日本医科大学森田教授创立，因此得名。森田疗法主要适用于焦虑症和强迫症，能帮助当事人消除心中的矛盾和冲突，最终恢复良好的生活状态。

森田教授曾说过："不安心即安心。即使感到不安，如果能泰然处之，那么这种不安也会逐渐消除。"

森田疗法的基本治疗原则是："顺其自然，为所当为。"

小童有清洁强迫，但他认为清洗过度是不正常的，于是时常控制自己不去洗手和清洁，这实际上反而会加重"控制不住要洗"的念头。所以我给小童的建议是：每天有空了就洗手，一天要洗100次。一天不洗完100次，不许睡觉。

我记得小童当时听完就不乐意了，他说："要洗100次吗？这么多？我觉得我会洗得不耐烦，本来洗手是让我放松的一种活动，现在怎么变成任务了？"

听到小童这样说，我便知道这个方法对他有用。

针对这个情况，我还建议小童的家人转变观点和态度。之前小童的家人看见小童洗手，便抓心挠肝，以致小童放假都不愿意回家，因为不想被家人念叨。现在我给他家人的建议是：小童假期的时候要求他回家做清洁，因为小童做的清洁堪比五星级酒店的质量；同时，送小童一些洗手液和护手霜，鼓励小童多洗手。

这样持续了不到两个月，小童就不那么喜欢洗手了。因为家人从反对自己洗手，到支持自己洗手，好像洗手也不那么吸引他了。加上每天要洗100次，他确实感觉烦了。

习得性无助：害怕未知怎么办？

有一个心理学实验：把一只狗关在笼子里，无论这只狗怎样做，都逃不过电击的折磨。时间长了，哪怕将这只狗放在没有电击的笼子里，它依然会表现出畏惧，蜷缩在笼子的一角。如果这些实验中，其中一只狗成功地躲避了电击，如通过自己的力量挣脱牢笼，那么它会更容易适应接下来的新环境。这个实验是很著名的习得性无助实验。

心理学家马丁·塞利格曼认为习得性无助在人类中也普遍存在。例如，一个沮丧、压抑的人对生活会越来越悲观、被动，因为他认为自己做什么都不会起作用。

害怕未知的人往往也如此。他们意志消沉，闷闷不乐，顺从被动，总是觉得未来的日子自己无法改变，只会过得很糟糕。他们可能会经常称自己是没有自信的人，但是我们发现，他们对未知是可怕的这个念头深信不疑。

（上）

（根据心理咨询的保密原则，以下案例已经作了化名处理，并进行了相应的改编。）

蓉蓉，女，29岁，演员。

蓉蓉是一个女演员，长得十分漂亮，看起来十分年轻。她也出演了不少戏，但都是配角。在为她咨询期间，我特意去看了她演过的电影和电视剧。从她的作品来看，她是一个非常努力的演员，即便是配角都演得非常出彩。但是问题就出在这里。

她知道自己的颜值、演技和实力都不错，但一直没有出演主角的机会。

她对我说：

"我去面试了许多电影和电视剧的主角，但是很多编剧写剧本的时候，制片方就已经定好了女主角。有时候是投资人选的，有时候是导演选的，有时候是特意去请的流量明星。而我不属于里面任何一个类别。我马上快30岁了，因为演艺生涯，我连恋爱都不敢谈，怕影响自己的前途。我现在既没有大红大紫，也没有恋人相伴，我真的很孤独、很迷茫。一个快30岁的女演员，知名度也不够，那些年轻的女孩还不断地冲进演艺圈，我要如何自处呢？我以前意气风发，觉得未来可期，现在觉得很迷茫。似乎我做什么都比不过人家，我再怎么努力都没有用。那些一次次被拒绝的经历，让我不敢去尝试新的机会。"

说着说着，蓉蓉哭了，好似压抑多年的委屈和不甘心在这一刻毫无保留地释放了。

我为她拿来纸巾盒，静静地等待着，等她平静下来。

在共情之后，我为她分析了她现在的心理状态。因为她经常遭到拒绝，那些原本自己满怀期待的机会，认为凭自己的能力可以出演主角的愿望，一次次被扼杀。时间长了，她出现了习得性无助，认为自己做什么都没用。加上对年龄的焦虑，她开始对未知产生了前所未有的恐惧。她担心老去，担心碌碌无为，担心自己得不到渴望的荣誉。

（中）

我请蓉蓉有意识地分化出一个60岁的自己，那个自己虽然老了，但是非常有智慧，将人生都看得很通透。请60岁的她给现在29岁的她写一封信，为这个阶段的自己指点迷津。这封信的内容如下。

29岁的蓉蓉：

亲爱的蓉蓉，抱抱你，这么多年你受委屈了。在演艺圈你感觉自己没有被公平对待，所以心中难免充斥着愤怒和委屈。

现在的我十分感谢年轻时候努力的你。虽然努力不一定有自己期待的结果，但是努力过便可以心安理得。你真的很勇敢，我为年轻时候的你感到骄傲。你现在之所以痛苦，是因为你想要的很多，

看得见的心理成长
如何掌控情绪，发现自我

但是得到的却很少。年轻的时候，这样的心态再正常不过了。

你知道吗？现在的我60岁了，过得很好。因为我看清了很多事情。

演员是一种职业，是生活的一部分。流量明星也不可能火到60岁。人都会老，这是常态，你需要接受人生是必然流动的事实。

你担心自己没有办法更出名了，但是现在的我觉得不火也有不火的好处，没有那么多绯闻和八卦的困扰，没有那么多恶意的诋毁，自己也相对自由。"人红是非多"，这句话有它的道理。

还有很重要的一点，那便是我想请你放弃比较。我们与更年轻的女孩比较，与更幸运的女孩比较，这到什么时候才是尽头呢？这种比较是无止境的，你需要将关注转回自己身上，因为在我看来，你现在已经体验过很丰富的人生了。

现在的我很羡慕年轻时候的你，依然貌美。要知道，我现在可不敢穿你穿的连衣裙和高跟鞋。它们很美，但是我已经老了。你要好好享受它们为你的青春而存在，因为今天的你总比明天的你更年轻。

年轻真的很好，我不是要劝你放弃现在的追求，而是希望你可以更加开心地去追求。可以尝试选择片酬很低或者不要片酬的角色，出演现在流行的网剧。你看起来很年轻，依然具有优势。有许多团队，他们的剧本很好，但是没有资金请大牌的演员，其实你可以冒险赌一把。只要剧本好，角色能使你的人格魅力得到最大的发挥，你便可以再努力一把。所以，不要灰心，你依然可以实现自己的主角梦。

最后，无论结果如何，你都需要意识到你在很好地体验生命。生命，重在体验，而你正在其中。

爱你的60岁的蓉蓉

（下）

蓉蓉这封信的内容，不仅为自己处理了当下的情绪，调整了心态，还找到了接下来行动的目标。

我之所以让蓉蓉尝试让未来的自己写信给现在的自己，是因为她存在两种困扰：一种是习得性无助，不敢再迈出一步，因为害怕徒劳无功；另一种是对未知的恐惧，对年龄的焦虑。那么以60岁自己的身份给现在的自己写信，视角会完全不同。

每个人都潜藏着智慧，心理咨询师如果能善于调动来访者的智慧，那么来访者和咨询师都将得到意想不到的收获。

咨询作业：

请你试着以60岁自己的身份，给现在的你写一封信，为自己指点迷津。

_____

_____

_____

_____

正强化：你比看上去厉害

在心理学中，正强化指的是通过一些方法，增加以后进行该行为的可能性，有利于目标的实现，从而得到正向的结果。

下面我会结合心理学的正强化技术和欧卡游戏，强化案例中来访者自身的力量感，增加来访者的自我认同感。欧卡已在本章第一节介绍过，是一种用于洞察人的潜意识的游戏。本章的第一节是以欧卡开始，最后一节我打算以欧卡结束。

请观察以下文字卡片。

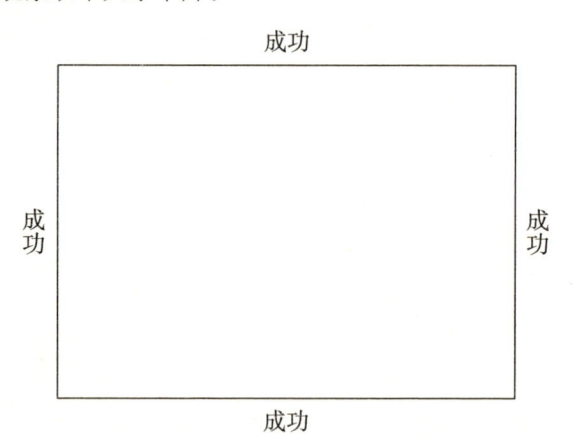

成功

| 成功 | | 成功 |

成功

（根据心理咨询的保密原则，以下案例已经作了化名处理，并进行了相应的改编。）

欧卡游戏规则：欧卡游戏和其他类型的心理咨询风格不太一

样，一般的心理咨询可能会对来访者提供的信息进行分析和解读，但是玩欧卡游戏的时候，心理咨询师不会这样做。心理咨询师会以挖掘来访者自身暗藏的资源为主。

小伊的求助原因是：学业和职业的规划，不知道选择保研还是就业，因此出现了一段时间选择恐惧的情况。从原来纠结自己的学业、职场规划，泛化到穿什么衣服、吃什么都能纠结几个小时。他为此感到很困扰，所以选择求助。

案例：小伊，男，22岁，大四学生。

以下是我和小伊的对话。

我："请问这上面写的是什么？"

小伊："成功。"

我："你怎么解释'成功'这个词？它让你联想到什么？"

小伊："很牛的人做了很牛的事，得到了很牛的结果，所有人都佩服他很牛。这是我想象中的成功。我想到了乔布斯，他很成功。"

我："那么'成'和'功'分别是什么意思呢？"

小伊："成，就是把事做成了；'功'，就是收获很大。"

我："'成功'给你的感受是什么呢？"

小伊："很向往，但是担心自己能力有限，成不了成功的人。"

看得见的心理成长
如何掌控情绪，发现自我

我："你觉得'成功'的人有什么特质？"

小伊："能力强、聪明、独具眼光、有运气、吃苦耐劳、有恒心、有毅力。"

我："你觉得'成功'是什么形象？"

小伊："高大的，难以接近的形象。"

我："你如何会觉得自己'成功'？"

小伊："找到很厉害的工作，有很好的前途，实现财务自由。"

我："你认为'成功'的关键要素有哪些？"

小伊："家里有矿，哈哈，开个玩笑。我认为应该是对市场有敏锐的先知先觉的能力。"

我："提出你自己10个成功的例子。"

小伊：

（1）从小到大成绩都不错。

（2）初中的时候拾金不昧，还得到了一笔感谢金。

（3）高中的时候和班花谈恋爱，还不影响学习。

（4）考上了让父母满意的大学。

（5）在大学里有很多好朋友，人际关系不错。

（6）在大学里做主持人。

（7）在校团委负责较为重要的工作。

（8）获得了保研资格。

（9）校招时有不错的单位对我感兴趣，待遇丰厚。

（10）可以选择保研还是就业。

_____

我："提到'成功'，你会联想到什么事？给你什么感觉？"

小伊："我想到我的舅舅开了工厂，赚了不少钱。我很羡慕，但是后来他生病了，不能继续做生意了，我感觉人生无常。"

我："提到'成功'，你会联想到什么场景？给你什么感觉？"

小伊："我想到开学典礼那天，校长在台上的讲话。我想成为他说的一个'厚德载物'的人。想到此，我的心中充满了激情。"

看得见的心理成长
如何掌控情绪，发现自我

我："提到'成功'，你会联想到什么人？你与这个人的关系如何？"

小伊："我想到我在大学暗恋的那个女孩。她从小受到很好的教育，各方面都很优秀。我和她的关系很一般，并不是走得很近。我感觉自己配不上她。我还想到我的母亲，希望她以我为荣。她一辈子看不起我的父亲，我希望她能对我刮目相看。"

我："如何让自己'成功'？"

小伊："保研或者去单位工作。要么获得更高的社会地位，要么获得更多的金钱。不管哪一条路，我都希望她们可以发现我真的很优秀。她们的认可对于我来说很重要。"

我："你在哪方面'成功'？"

小伊："学习，我真的很擅长考试。这样说来，还是选择保研后读到博士比较适合我。"

我："如果给你一个愿望，可以瞬间成功，你能描述什么是成功吗？"

小伊："她们都欣赏我，认可我，爱我。我如果投身市场，开始实践，创造出行业内的新产品，提高了人们的生活质量，收入很高，也受人尊重。这样说来，这个校招的单位更接近我的目标。"

我:"回想很久以前的'成功'经验,现在给你什么启示?"

小伊:"发现自己过去还挺顺利的,每个阶段的选择都有收获。也许我不应该害怕做选择。"

我:"'成功'的反义词是什么?'成功'有哪些同义词?"

小伊:"反义词是'失败',同义词是'成就''受人崇拜'。"

我:"你最近的一次'成功'是什么事?"

小伊:"在最近的一次主持人大赛上,我虽然没有拿到第一名,但是有许多学弟、学妹加我好友,向我表示崇拜。"

我:"如果针对'成功'这个词评分,1分是最低分,10分是满分,请问你会给几分?给这个分数的原因是什么?如果要你提高1分,你觉得要发生什么改变?"

小伊:"8.5分吧。给这个分数的原因是成功本身很具有吸引力,我很渴望不断地成功。但是我离真正的成功还有一定的距离,所以给这个分数。如果要提高1分,那就是我的母亲对我说:不管我做什么选择都会支持我。可能我会更轻松地做自己真正想做的选择。

"我想我知道自己真正想要的选择了,也许保研真的很吸引人,是很多人想要的,但是校招有一个做研发的单位能在最短的时间里将成果投入市场,我现在非常想去。虽然研究生也是做研究,但是毕竟在象牙塔里,我想去市场上真正地战斗。虽然我真

看得见的心理成长
如何掌控情绪，发现自我

的很擅长考试，那是因为高分使我的父母开心。现在放弃保研的机会可能许多人都觉得无法理解，但我就是想冒险一次。

"我之前犹豫是因为我担心自己只能在学校读书。但是我想到人生苦短，不冒险总觉得不够精彩。所以我想做这个决定。现在我要做的是说服我的父母，尤其是我的母亲。"

_____

_____

_____

_____

_____

_____

心理咨询师无法干涉来访者的人生。通过咨询他做出了决定，我选择支持。这个欧卡游戏的目的在于强化他对成功的自信，事实上也达到了这个效果。我想，一个对自己认同感如此高的人，发现自己有很多优势，发现自己的目标，去追求自己想做的事，会是一件好事。

因为我们一起把他内心的根源问题弄清楚了，他在生活中泛化的情况也就自然消退了。

从这个游戏来看，心理咨询师并没有在过程中给出任何建议，但是来访者知道自己该怎样做了。生活中，很多时候都是如此，能够全面地审视自己的内心，让自己的潜意识浮出水面，也就知道自己该怎样做了。

心理成长作业：

请观察案例上面的文字卡片，然后在每一个回答的下面尝试写出自己的答案。

下篇

掌控内心

CHAPTER 5　自我价值：我就是我！

看清自己的价值是我们生命中重要的课题之一，但是许多人往往因为角色认同失败，自尊心水平忽高忽低，失去了自己的目标，导致自信心丧失，从而出现自我价值感低的情况。

自我价值感低是导致情绪问题的主要因素之一。这一章的内容在于帮助读者开发自我价值。本章会从接近个人理想，实现社会理想，提高自尊心水平，看清自己的目标，增加行动力，提升自信心这几个方面来进行训练。

初心理论：个人理想真的虚无缥缈吗？

（上）

个人理想是："我想成为什么样的人？"

很多人会回答，想成为一个作家、音乐家、艺术家、科学家等，但这些其实是社会理想，职业是一种社会角色。社会理想的确和个人理想不可分割，它们相辅相成，互相促进。比如一个善

看得见的心理成长
如何掌控情绪，发现自我

良的音乐家，既具有美德，也实现了社会价值，所以他同时实现了个人理想和社会理想。

许多人认为个人理想是虚无缥缈的，对自己是没有实际用处的。这个说法是因为人往往将自己的社会价值看得高于个人价值，认为实现了社会价值才能向外界证明自己是成功的。但是我们需要意识到，我们先是一个独立的个体，然后才是一个社会角色。社会角色的部分在下一节会讲到。

个人理想很多时候需要和社会理想结合来看。比如心理咨询师是某个人的社会理想，但是结合了个人理想中善与爱的心理咨询师，对心理咨询工作会有更大的热情和更好的职业操守，对自己有更高的认可度，也能有更长远的职业发展。只将心理咨询当作一种社会职业，没有结合个人理想部分中善与爱的心理咨询师，会在咨询过程中出现更多的负面情绪，也更容易放弃心理咨询行业，并对自己有较低的评价。

所以，个人理想和社会理想是相互促进的关系。个人理想往往决定了一个人的社会理想是否能顺利实现。

（中）

初心理论认为，一个人是能实现个人理想的。这需要努力接近自己的目标，并且为之坚持。初心理论对于个人理想的唯一要求是：个人理想的实现是需要具有美德优势的，是可以利人利己的目标。如果能保持美德，个人理想会以多种形式实现。所以，美德是基石，是实现个人理想不可撼动的部分。可以说，美德是一个人的个人理想，个人理想是实现美德。它们相互联系，互为因果。

心理学家塞利格曼和彼得森研究发现，人的美德共有6大类，每一类又包含许多细分品质，分别是：

勇气： 正直/坚韧/勇敢/活力
智慧： 好奇心/创造力/好学/洞察力/思维力
节制： 自我规范/审慎/谦逊/宽恕
正义： 公平/领导力/公民精神
人道： 爱/善良/人际智力
超越： 希望/欣赏/灵性/幽默/感恩

一直以来，我的个人理想是成为一个智慧且幽默的人。我设定这两个理想的原因是智慧能使我看清许多问题，让我活得更加通透。幽默能使我的生活充满乐趣，不至于陷入乏味和无聊。这两个理想对于我而言至关重要。

以上的6类美德，如果哪几项十分打动你，便可以成为个人理想的目标。

（下）

以下是我填的关于个人理想的表格，请参考上述6类美德以及我的填写方式，填写你的个人理想表格。

看得见的心理成长

如何掌控情绪，发现自我

勇气： 正直/坚韧/勇敢/活力

智慧： 好奇心/创造力/好学/洞察力/思维力

节制： 自我规范/审慎/谦逊/宽恕

正义： 公平/领导力/公民精神

人道： 爱/善良/人际智力

超越： 希望/欣赏/灵性/幽默/感恩

个人理想表格（请结合以上6大类美德进行填写）

姓名：××	内在资源
你想成为的人（美德）	智慧/幽默
你认为自己目前具有哪些特性	善良/正义/勇气/爱
实现个人理想能满足的心理	实现后，我会对自己感到满意，并为此感到快乐
你有哪些优势便于你接近理想	接近智慧的部分：好学/创造力/好奇心 接近幽默的部分：在合适的时间开合适的玩笑
你愿意付出的努力	和智慧/幽默的人相处 阅读相关的书籍或观看相关的电影
你打算通过哪些方式实现	时不时找朋友们来练习自己学习到的方式，强化这些部分

个人理想表格（请结合以上6大类美德进行填写）

姓名：	内在资源
你想成为的人（美德）	
你具有哪些特性	

你能满足的心理	
你自身的优势	
你愿意付出的时间	
你打算通过哪些方式实现	

如果你填了这个表格，认为对自己有帮助，可以将这个表格推荐给身边对于个人理想感到困惑的人。传递善意、乐于助人也是实现个人理想的一种方式。

角色认同：社会理想是束缚吗？

（上）

社会理想是："我想成为一个怎样的对社会有帮助的人？"

我们知道，在一个行业从业10年就可能成为该领域的专家，那么如果持续做一件善的、渴望的事情，几十年之后，也会取得一定的成果。比如一个女舞蹈老师，跳了一辈子舞蹈，等到她老了，跳不动了，她就已培养出许多优秀的学生，以此间接地实现了她的个人理想，同时完成了她的社会理想。但是也有例外，比如现在实体经济不太景气，一个人如果坚持开店，做一辈子未必能取得自己想要的成就。所以我们需要结合社会发展形势调整自己的策略，灵活地坚持，而不是一成不变地固守。灵活与坚持并不矛盾，两者结合往往能取得更加惊人的效果。

同时，设定社会理想的时候我们也需要结合实际情况。假设一只猫的理想是成为老虎，这显然是难以实现的。因此，我们需要根据自身情况，设定符合自己情况的理想。

发现自己的美德优势，在此基础上实现自己的社会理想，必然会事半功倍。

（中）

（根据心理咨询的保密原则，以下案例已经作了化名处理，并进行了相应的改编。）

王秦，男，29岁，医生。

求助原因：王秦在医院做了几年医生之后，突然想去做律师，但是身边反对的声音比较多。他不知道如何选择，所以想听听心理咨询师的建议。

以下是我请他填的个人理想表格，里面列出了他在不同的人生阶段的理想，以及相关的分析。

阶段	社会理想	原因	遇到的困难	做过的努力	最终的打算
幼儿园	成为奥特曼	拯救人类很厉害	没有超能力	买了许多手办	放弃
小学	宇航员	很酷	父母觉得不可能	看了许多太空电影	放弃
初中	律师	感觉智商很高	先得读一所好高中	看法律相关的书	持续努力

续表

阶段	社会理想	原因	遇到的困难	做过的努力	最终的打算
高中	好的大学	好的前途	高考压力大	努力备考	持续努力
大学	医生	父母认为这是好的	兴趣不足	劝说自己听从意见	坚持下去
现阶段	律师	念念不忘	重新学习法律	开始备考	备考中

人生苦短，如果一直对当初想做的某件事情念念不忘，建议立即行动起来。其实从王秦填的表格来看，他已经做出了选择，只不过希望有一个权威的角色予以肯定，让他有理由坚持下去。

我在多年的咨询工作中发现，许多人来咨询之前，其实内心已经有答案了，只不过希望借心理咨询师之口，让他们找到一个强有力的理由去说服身边的人。

从表格来看，王秦在初中的时候便希望成为一名律师，但是因为父母的建议，他选择成了一名医生。据了解，他的父亲是医生，母亲是护士。

我们可以发现一个很有趣的现象，一般孩子不太愿意做父母从事的职业。这是因为孩子从小耳濡目染，对父母从事的职业比较熟悉和了解，这个行业对于孩子而言便失去了许多神秘感，他们也对这个行业失去了好奇心。神秘感与好奇心，往往是激发人们从事某种社会职业的主要因素。

但是，我们都知道学医是很辛苦的，学习的时间比普通专业更

看得见的心理成长
如何掌控情绪，发现自我

长，付出的努力也多于常人。王秦在29岁放弃医生这个角色，重新学习法律，需要巨大的勇气。他现在听到最多的就是："你的想法不太现实。你大学的时候学也比现在学要好。医生工作这么稳定，你何必作呢？你的工作很多人都羡慕不来，你还是冷静一下吧。"

作为心理咨询师，我们需要为当事人的心理利益考虑。要帮当事人看见他的真实想法，也要帮他权衡利弊。于是，我请他填了第二个表格。这个表格的目的在于帮助他做出决定。

理想	心理优势	心理劣势	渴望度评分（0—10分）
医生	1.熟悉 2.稳定	1.不喜欢 2.乏味	5—6分
律师	1.喜欢 2.有热情 3.很向往 4.人生更加丰富	1.重新开始 2.家人的压力	8—9分

从表格来看，我给出的建议是：

（1）不建议马上辞职，原因是会在过程中背负过大的压力。

（2）利用休假的时间把法律职业资格证考下来，增加从业的信心。

（3）做好从实习律师开始的打算，增加从业经验。

（4）建议从业后先接手和医疗相关的法律案件，发挥自身优势。

社会理想并不是束缚，束缚我们的往往是外界反对的声音。社会理想的价值在于它能帮助我们看见自身更多的可能性，弄清楚自己愿意为之坚持的事业。从案例来看,他认同的社会角色是律师,而不是医生。虽然这两个行业对于社会发展和实现社会价值都是很不错的选择,但是他的家人忽略了他个人理想的部分。他的个人理想是勇敢地探索自己更多的可能性,去发现自己终生热爱的事业。

我们选择一种愿意为之奋斗的事业时,一定要问问自己这项事业是否结合了自己的个人理想和社会理想,否则,我们依然会陷入迷茫和困惑。

人的一生无论选择哪一条路都可能获得成就,也都可能令我们后悔。人总是希望自己能做到完美,但极难实现。我们能做的就是尽量让自己的决定自由一些。

只有经过自由选择之后做出的决定,才是我们真心希望坚持下去的。而坚持自己的选择,本身就是一种成功。

这一生,我们无论是直接奔向终点,还是看沿途的风景,都是美丽的事情。

(下)

以下两个表格,便于了解自己的社会理想,确定你需要实现的目标。

社会理想评估表(1)

阶段	社会理想	原因	遇到的困难	做过的努力	最终的打算
幼儿园					
小学					

看得见的心理成长
如何掌控情绪，发现自我

续表

阶段	社会理想	原因	遇到的困难	做过的努力	最终的打算
初中					
高中					
大学					
现阶段					

社会理想评估表（2）
（如果对目前的选择坚定不移，则不需要填这个表格）

理想	心理优势	心理劣势	渴望度评分（0—10分）

三种自尊：你的自尊属于哪一种？

（上）

（根据心理咨询的保密原则，以下案例已经作了化名处理，并进行了相应的改编。）

小可，聪明貌美，从小擅长各种乐器，饱受赞扬。相比之下，妹妹小乐就显得普通很多。两姐妹长大以后，各自参加工作，有了属于自己的生活空间。

小可因为想在工作中不断证明自己，所以不太关心身边的人和事。小可的特点是：工作努力，朋友较少，单身，不相信爱情。她对生活抱怨的时候多，快乐的时候少。对于她而言身边的朋友都不如自己，与他人结交有些浪费时间。

妹妹小乐有一个相恋三年已经结婚的丈夫，她更愿意主动关心身边的人。小乐的特点是：乐于助人。她担忧的时候多，为自己主动争取权利的时候少。她总能记住周围人的生日，给人温暖和惊喜，但常常因为帮助朋友而搞砸自己的事情。

姐姐小可认为妹妹小乐的生活平淡无奇："记住他人生日只不过是一种讨好，因为其他人都记不住小乐的生日，她简直是失败者的写照。"

妹妹小乐认为姐姐小可的世界冷漠无情："不懂得爱与被爱，拼命工作只不过是一种逃避孤独的办法，她很可能会孤独终老。"

虽然平时她们看起来很亲密，但是她们在内心对对方的生活是嫌弃的。

小可和小乐这两种类型的群体在生活中并不少见。

心理学家戴维·迈尔斯认为，兄弟姐妹之间，如果哥哥、姐姐很能干，弟弟、妹妹的自尊心就会受到很大的挑战。

小可，自我感觉良好，忽视他人，典型的高自尊低同理心（同理心是指能够站在他人的角度看问题，关心别人的困扰和问题）。

小乐，过分重视他人，而忽视自己，典型的低自尊高同理心。

（中）

社会心理学家研究发现，高自尊的人常常让人讨厌，喜欢在说话的时候打断别人，对他人评头论足，而不是与人平等交谈

（与那些害羞、谦虚、不爱出风头的低自尊的人相比）。

高自尊的优势在于有利于培养积极主动的品质，更容易获得乐观愉快的感受。

高自尊的人更在乎事业的成功和自身利益。高自尊过度发展，如果掺杂了自恋、自我膨胀，就会成为大问题。

那么，自尊到底会受哪些方面的影响呢？

（1）自我肯定。心理学家克罗克认为自尊和自我肯定有很大的关系：如果我们认为自己是富有魅力的、聪明的、强壮的、富有的和被爱的，我们就会有高自尊。

（2）自我知觉。任何觉察都会引起其他后果，如果我们认为自己擅长人际交往，就有可能在人际交往方面做得更好一些，因为具体对某一种能力的自信，会激励自己在这一方面更擅长。自尊不能预测能力的高低，但能力的高低会影响自尊。

（3）他人赞美。他人的具体化赞美会很好地增强我们的自尊心。例如，你的计算水平很高。他人赞美"你真棒"，并不能起到非常好的效果。如果是具体化的赞美，如"你的编程水平真的很高"，你往往会对自己的计算水平产生很大的信心，而信心会影响自尊。

我们回到小可和小乐的故事。

小可，希望通过工作所带来的名誉、地位来获得高自尊。

小乐，希望通过他人的赞美和肯定来获得高自尊。

小可和小乐都是试图通过外界来获得良好自我感觉的人，而这两种类型都不属于独立型自尊。

（下）

人一共有三种自尊。

1. 依赖型自尊：自尊来自外界，需要他人的赞美

密歇根大学心理学教授克罗克对学生做了一项研究，证明与自尊建立内部因素（如个人美德）的人相比，具有依赖型自尊的人自我价值感更加脆弱，他们会有更多的压力、愤怒、人际关系问题、吸毒问题、酗酒问题以及饮食障碍。

2. 独立型自尊：自尊来自对自己的评价

心理学家克罗克和帕克指出，时间长了，具有外界寻求的自尊并不能满足我们深层次的需求（如才能、爱、自主性）。具有独立型自尊的人，不是因为外在（如成绩、长相、金钱和其他的赞美）而是因为内在特质（如美德优势）感觉良好的人，他们可以长时间处于健康状态。

对自我形象少一些关注，多注意开发才能，发展人际关系，会为你带来更多的幸福感。心理学家克里斯汀·聂夫提出，我们将这种方法视为自我同情，即不与他人计较，而是善待自己。

3. 无条件自尊：不依赖任何证据来肯定自己

心理学家鲍迈斯特关于自尊心的研究得出了一个结论：忘掉自尊，把更多的精力集中在自我控制和自律上，这对个人和社会都有好处。而忘掉自尊，被称为无条件自尊，指不需要任何证据来肯定自己。本章接下来的几节将谈到如何提高自我控制的能力并增加个人自律水平。

以上的三种自尊不是一成不变的。它们会根据人的心理成长而发生变化。比如笔者过去就是依赖型自尊，后来发展成独立型自尊，直到现在发展成无条件自尊。所以说，自尊会随着人的心理成长而成长。

请问以上三种自尊，你目前属于哪一种？你希望你的自尊朝哪个方向发展？

_____

_____

目标拆解游戏：设立属于自己的目标其实很简单

（上）

一个朋友很想成为一名导演。他有优渥的家庭条件，一方面想超越父母，另一方面又安于现状。他不是一个知行合一的人，他会经常说自己想成为导演的目标，但是实际上他没有往这方面努力，似乎很少做些什么去提升做导演的技能。

心理咨询师是不能给亲友做咨询的，因为关系近，往往不能客观地看待他们的问题。但是在他强烈的要求下，我还是给了他一些建议：如果他真的想成为一名导演，他需要先拍出一两部代表作。那些作品不仅可以打动他，也可以打动与他谈合作的人。

当时的他踌躇满志，说了接下来的计划："我要开始筹备了，要选好一部剧本，然后开始组织拍摄。"

但是，没过多久，这事就处在了停摆状态。他告诉我，他遇到了很多困难。比如：父母不支持，没有投资。他无法支付工作人员的薪资，导致不能继续进行拍摄。在拍摄的时候他发现剧本有很多地方不合理，需要改动，但是编剧不配合，他也不确定自己的直觉是否准确，万一改动之后作品效果不佳怎么办？拍摄周期很长，有时候很累，很担心自己坚持不下去。

我听完之后有种恨铁不成钢的感觉。这也是不能给朋友做咨询的原因，因为作为朋友，我免不了为他的前程担心，如此一来会产生一些情绪，干扰我的判断。

我尝试将自己从朋友的角色中抽离出来，问他是否真的想成为一名导演，还是因为有导演作为目标，不管是否行动，都能让他的人生过得与众不同一些？而他需要的仅仅是与众不同的优越感，并不是实现目标的结果。或许，他喜欢的是那种优越感，而不是实现成为一名导演这个社会理想目标。

他听我说完后，有些懊恼。毕竟从未有一个人质疑过他的理想，他感觉自己受到了伤害。而我只能无奈地说："这就是心理咨询师不能给朋友做咨询的原因，当心理咨询师把自己洞察到的信息直白地说出来时，很可能破坏友谊。因为朋友总需要在另一个朋友心中留下被欣赏的印象，于是会产生很强大的心理防御。我这样说也不是不欣赏你的意思，而是我感到你真的需要弄清自己的内心需求，这样有助于实现你的目标。"

看得见的心理成长
如何掌控情绪，发现自我

（中）

一个人在设立目标的时候，一定要先问问自己这是不是自己真的想要得到的。人需要对自己足够真诚，心理的原动力才能支持我们持续行动，最终实现自己的目标。

如果我们对待自己不真诚，只不过想获得短暂的心理满足，便会在实现目标的过程中出现各种阻碍。

一段时间之后，我的这个朋友很坦诚地告诉我："的确，我说自己想成为导演，能让我在酒桌上赢得许多赞许的目光，那些时刻让我暂时得到了我想要的优越感。但是如果真要我去做，我知道未必能实现。试想一下，一个吹牛说的愿望，哪里经得起推敲呢？你的话对我犹如当头棒喝，我重新审视了自己的内心。原来只不过是随口说说的事情，在某一刻好像已经开始融入我的生命了。如果说我有什么愿望，那么就是成为真正的导演，而不是作为酒桌谈资，来证明我不是靠父母的无能之辈。"

我从他的话语中听出了他真的想有所改变。于是我对他说："我个人对于靠不靠父母这件事没有任何偏见。我自己的家庭很平凡，我从未依赖父母，但是我觉得有父母依赖也是很幸运的。我在成长期也羡慕过被父母庇护的孩子，如果说父母和孩子对此都是接受的，也乐在其中，外人也无须评头论足，但是如果父母和孩子有一方认为这种依赖不妥，比如你，那么有所改变，也是好的。"

于是我请他做了一个目标拆解的练习，并请他坚持完成每一个阶段的目标。

（1）短期目标：对自己的储蓄进行合理分配，坚持每一天的拍摄并保证质量。

（2）阶段目标：拍摄完成之后，尝试通过有效的渠道宣传发布。

（3）长期目标：有一部自己的代表作，开始成为一名真正的导演。

以上的目标拆解，仅仅用于他成为导演前的计划。等到全部实现之后，可能需要针对接下来的目标进行拆解。

（下）

目标，是指一个人为了实现自己的理想，内心渴望的一种结果。目标可以拆解为：

（1）短期目标：细化到每一天和每一周的行动结果。

（2）阶段目标：经过一定时间的积累后，实现的阶段性的行动结果。

（3）长期目标：经过不同阶段的积累，实现的最终行动结果。

目标的实现，能使生活变得充实且充满意义。不同的人目标不同。有的人希望成为一个开心的人，那么目标拆解后，有效的行动目标如下：

（1）短期目标：每天记录5件使自己开心的小事。

（2）阶段目标：创造一些能使自己开始行动的事，作为持续记录开心事的素材。

（3）长期目标：经过持续的记录，将视角慢慢训练成能发现使自己开心的心理能力。

有的人希望自己可以减肥，那么目标拆解之后，有效的行动目标如下：

（1）短期目标：每天锻炼一定的时间，合理饮食，监测体重。

（2）阶段目标：不断坚持，形成运动习惯和自我约束的心理能力。

（3）长期目标：在坚持的过程中，对自己的心理克制力有了一定的信心，最终达到减肥的目标。

有的人希望自己获得更多的知识后变得更有主见，目标拆解之后，有效的行动目标如下：

（1）短期目标：每天花一定的时间阅读和学习，记录感受。

（2）阶段目标：通过坚持阅读和学习的习惯，形成知识输入的惯性。

（3）长期目标：长期坚持下去，当知识积累到一定程度，会慢慢形成自己的知识体系，这个时候便会更有主见。

那么，你的目标是什么？

请你尝试进行拆解，并在拆解之后，知行合一地完成每一个步骤。

短期目标：

_____

阶段目标：

_____

长期目标：

_____

想告别拖延症？你需要认知行为疗法

（上）

先玩一个心理游戏。

请你试想，有一件事，对于你而言特别容易，不会有失败的可能，也不存在任何风险。你被告知，完成这件事之后会得到一大笔奖金和至高无上的荣誉。你会去做吗？

我相信大多数的人是会去做的。

这也许不全是因为一大笔奖金和至高无上的荣誉，还是因为没有任何风险和失败的可能，同时对于自己而言又格外轻松。在此种情况下，我想你的行动力会异乎寻常，能在最短的时间完成，然后欢欣雀跃地享受自己的成果。

这个游戏和拖延的联系在于：人们更愿意趋利避害地选择自己的行动方向。因为拖延的原因往往在于，我们想要规避那些让我们心理上感觉有危险的事，常见的有失败后被自我否定的风险。

看得见的心理成长
如何掌控情绪，发现自我

（中）

被自我否定之后，我们会很快与"自己没有价值"联系在一起。

例子1：一个婚姻不幸福的人，在遭遇了很多不公平的对待之后，在离婚前往往会经历很长时间的拖延才会签署离婚协议。

解析：因为当事人认为离婚意味着自己被否定了。但是作为旁观者的我们，能看得清楚：离婚和一个人是否优秀没有太大的关系，很多时候，与两个人是否契合有关。

例子2：一个女孩马上要参加职场上很重要的考试，但是她拖延了很长时间不去备考。她为此感到内疚和自责，但就是没有办法开始行动。

解析：这个女孩因为害怕失败的结果而不准备考试，这样就不用承担失败的糟糕体验了。遇到这样的情况，这个女孩需要考虑事情的三种结果。

最好的结果：行动后，考过了。

最坏的结果：考不过，下次再考。

最可能的结果：复习了考过了，没复习没考过。

以上的两个例子是关于被否定的，但是我们要知道有时候被肯定也存在风险。

例子3：一个男孩初入公司时接到了一项重要的任务，他在最后一刻出色地完成了。领导肯定并称赞了他:"你真的很擅长临场发挥,随机应变。"于是对于接下来领导安排的任务他都信心满满地拖到最后一刻,因为他对自己最后一刻完成任务的能力深信不疑。

解析:如果男孩能够提前做更充分的准备,那么他能在职场上有更好的发展。临场发挥很好,这当然是一种优势,但是每次任务都是临场发挥,免不了会出现风险,如果哪一次没有完成,就容易产生一种自己能力在消退的错觉。最好的方式是:提前做好准备,提前进行规划,对自己要完成的事情精益求精。

(下)

告别拖延,需要了解拖延的普遍心理,处理行动前的情绪,然后马上行动。

1.了解拖延的普遍心理

拖延的普遍心理有两点:

(1)自我防御。我们害怕做了会失败。因为如果我们不去做,就不用面对付出努力仍可能失败的结果。这是一种自我保护的防御心理。

(2)拖延行为被强化过。这和过去的经验有关,如果某些事情在最后一刻完成,被肯定、被赞美过,此后为了证明自己的能力我们也会选择拖延。

2.处理行动前出现的情绪

如果在开始行动前有些情绪,我们需要找到这些情绪背后的真

看得见的心理成长
如何掌控情绪，发现自我

相：为什么这个阶段我不愿意去做，即便我已经为此产生内疚、自责这些不舒服的感受了？我不去做能得到什么心理好处？

可能是不行动的时候，能获得短暂的屏蔽压力的快乐？我们需要看见内在的情绪。不去行动的短暂快乐是不是你真的想要的？或者你去做这件事之后的结果才是你想要的呢？我们需要了解自己的情绪。了解自己的情绪之后能够放下心理负担，行动起来，坚持自我训练。训练一段时间之后，我们就不再拖延了。

3. 告别拖延最好的办法：马上去做，然后奖励自己

不同的人训练周期长短不同，但是都需要遵循对抗拖延的秘诀：马上去做。

按此秘诀行动，上进型的人一般需要1—3个月，便能养成自律高效的行为习惯；享乐型的人一般需要6—12个月，便能养成较为自律有效的行为习惯；混合型的人一般需要5—8个月的调整周期，就能形成良好的行动习惯。

上进型的人的奖励是：1. 对自己言而有信，好似内在住着一个特别靠谱的人，这使自己有安全感。2. 完成任务之后，焦虑值降低能使自己感到放松和愉快。这种情绪变化对于上进型的人而言本身就是一种奖励。

享乐型的人的奖励是：做完这件事之后给予自己奖励，奖励根据自身的喜好和完成任务的大小来决定。小奖励可以是一顿美食、打一场游戏、和朋友喝酒聚会等，大的奖励可以是一次旅行、一件珍贵的礼物、一次精心准备的浪漫约会等。

我也有过一段拖延史，那个时候的我希望事情可以自动解决。那种状态持续了一年左右。可想而知，我过去是享乐型的拖延者。直到最后，我发现拖延并不能让我的生活更好，那些事情依然在那里，该去面对终究是需要面对的，面对之后才能使自己感到轻松愉快。

有些事，放下才会轻松。

有些事，拿起才会轻松。

自信心训练：你需要的四个诀窍

（上）

（根据心理咨询的保密原则，以下案例已经作了化名处理，并进行了相应的改编。）

霄稞，男，32岁，已在一家互联网企业工作4年。

以下是他的自述：

"我做事总是三分钟热度，为此感到很难受。原本制订好在工作之外的学习计划，也会因为突然发现更喜欢的事情而放弃。最后看到一起学习的人已经在那方面进步了，而我丝毫没有进展。原本指望新学的知识可以为下一份工作做准备，也落空了。

"如果我能做好原以为自己喜欢的那件事情也行，但是在没多久我又发现了其他更喜欢做的事情。这样周而复始，最后我什么也干不好。现在换一份工作是指望不上了，但我对自己的工作已经十分厌倦了。这让我很苦闷。

看得见的心理成长
如何掌控情绪，发现自我

"每当我想起自己做什么都不能坚持，就觉得我的人生是不是快完蛋了。半夜失眠的时候，我总在想，是不是我注定就要过平庸的一生。

"我原来的那些梦想和愿望都被我的'朝三暮四'葬送了。每当我想到自己的未来可能是一片荒凉，我整个人看起来就垂头丧气的。现在新来的调皮点的同事，都开玩笑喊我'丧哥'，我真是哭笑不得。"

（中）

霄稞存在典型的"绝对化信念"。绝对化信念指的是对某一种观念有着绝对的认识，对此深信不疑，并将其延伸到生活的方方面面，从而出现悲观的情绪。当事人往往认为自己没有办法对抗这种负面情绪，从而长期沉浸在消极的情绪之中。

霄稞的初心是想通过学习新的知识来提升自己，最后却因为没找到自己的兴趣而感到自责，从而开始否定自己是不是做什么都不行。因为一件事情挫败了自己，却看不到自己已经做得好的方面，然后绝对地认为自己"人生是不是快完蛋了"。

如果他是一个什么都做不好的人，又怎么会在一家互联网公司连续工作4年呢？其中便有能力和坚持的体现。

如今在职场工作的人，为了提升自信心，往往会去学习许多工作以外的知识来提升自己。一方面是为自己谋一条后路，另一方面是增强职场竞争力。但因为工作繁忙，无暇慢下来思考自己到底喜欢什么，想做什么，以致东一榔头西一棒槌，最后什么也没有学到，反倒让自己落下了"心理疙瘩"。

他也不是一直以来都这么自卑，而是因为他所工作的环境，领导经常将下属骂得体无完肤。领导经常会将他与其他同事比较，打压他的自信，使他感觉自己"一无是处"。

像霄稞这样的例子有很多。他之所以煎熬，是对自己没有信心。他因为做什么都无法坚持，为自己没有自制力而感到痛苦，这是许多追求上进的人常常会出现的内心感受。若是完全懒惰的人，也不至于痛苦，因为真正的懒人往往对自己的惰性心安理得。所以，感到痛苦，往往是追求突破的一个信号。

（下）

提升自信心的四个诀窍：

1. 一技之长

一技之长可能对于年轻人来说，是一种很老土的说法，但是十分重要。因为一技之长能使我们感到安全，即使就业大环境不好，我们依然有可以傍身的技能。这些技能能使我们感到自信。所以，如果你需要提升自信，可以先看看自己是否具备一技之长。如果有，你需要做的是强化自己的技能。如果没有，你需要培养你的一技之长。选择一技之长的重要标准是：这项技能被替代的可能性高吗？

我建议选择被替代性低的一技之长，这样的选择能让你在有一技之长的群体中获得自信。

你打算如何使自己拥有一技之长？你打算如何精进自己的技能呢？

_____

_____

_____

2. 角色认同

角色认同已在本章社会理想部分提过。角色认同指的是我们在社会中将自己定义成一种类型的社会角色，并对这种角色有很高的共鸣和热情，并愿意为巩固自己的社会角色做出努力。

如果你对自己的社会角色是高度认同的，那么你会为自己的社会角色感到骄傲，并愿意使其持续地发光发热。这个过程能很好地增加你的自信，有助于你的职业发展。

比如一个画家对画家的角色高度认同，并且愿意为这个角色付出终生的努力。这个笃定的信念，会让他的心里充满力量。而这种力量也是自信的表现。

你的社会角色为你带来了自信吗？你接下来打算怎样做？

_____

_____

_____

3. 被肯定的证据

被肯定的证据，对于增加自信心至关重要。如果你曾经怀疑自己某些部分的能力，你需要回想一下，过去和此相关的哪些被肯定的证据能够推翻你的看法？然后将它们罗列出来。如果你已经很自信了，那么罗列出自己过去被肯定的证据之后，你会发现你的自信是有道理的，因为它们的存在使你对自己有更清晰的认识。

比如我的一个作家朋友，她关于写作被肯定的证据是：曾经有一个一面之缘的朋友，说她对写作真的很有天赋。这句话激励着她持续地创作。至今，除了已出版的书之外，她的随笔已经有300万字左右。这是她在写作方面被肯定的证据。

比如我曾经采访过一个环卫工人，询问他关于自己工作被肯定的证据。他告诉我他在工作的时候，曾有一个小朋友送给他一张卡片，上面写着："城市因为您更美好！感谢您！"他回忆当时自己的感受时说道："每次想到那份礼物，我觉得自己的工作也是有意义的！"

你过去曾经被肯定的证据有哪些？请你罗列出来，越多越好，哪怕那个证据看起来微不足道，对你都很重要。建议：请将你写出的被肯定的证据打印出来，或者拍下来，经常查看，可以更好地提升你的自信心。

4. 融入肯定自己的圈子

融入肯定自己的圈子对人的心理健康有很大的帮助。因为肯定自己的圈子，能激发自己的潜能。而待在否定自己的圈子里，自己就好像陷入沼泽。肯定自己的圈子，能很好地发现你的优点，并且毫不吝啬地让你知道你的优点在哪些方面。案例中的霄稞便处在一个否定自己的圈子里，使他感到十分难受。

我建议大家在找工作的时候，一定要多了解公司的文化；交朋友的时候，了解他的品质；找对象的时候，了解对方的家庭氛围。尽量在一个能肯定自己的圈子里，这是一个非常美好的选择，能使自己充满信心，也能很好地提高自己对生活和工作的满意度。

你现在的圈子是肯定自己的圈子吗？如果不是，你打算如何寻找肯定自己的圈子呢？

_____

_____

_____

CHAPTER 6　靠近爱：如何拥有满意的人际关系？

我们渴望好的人际关系。如果没有满意的人际关系，我们会备感孤独。心理学研究表明，拥有好的人际关系的人，对一生的整体评价更加乐观，平均寿命也高于人际关系不好的人。因为好的人际关系能让我们产生许多积极的情绪，而这些积极的情绪能很好地使我们体会到生命的乐趣，使自己对生活有更多的热情。

心理学研究人际关系的意义也在于此，它能帮助更多的人拥有满意的人际关系，从而有更好的心理素质去尽情地体验一生。

爱情的七种模式、四个阶段：它到底长什么样子？

（上）

爱情，能让一个足不出户的人仗剑走天涯。

看得见的心理成长
如何掌控情绪，发现自我

爱情，能让一个面容憔悴的人容光焕发。

爱情，是一种有魔力的情感，是歌手喜欢传唱的旋律，是诗人长期吟诵的主题。

爱情出现以后，两个人彼此朝思暮想，甚至不惜付出生命，只求和对方在一起。

为了等待爱情，我们将自己打磨得更坚强、更迷人、更性感、更有趣，只为有朝一日爱情来临时，可以将它牢牢抓住。

（中）

从文学的角度来诠释爱情往往是浪漫的、刻骨铭心的，而用心理学来分析就似乎有些模式化了。因为每个人的感情都是独一无二的，所以当心理学用科学的方法来研究爱情时，遭到了许多人的反对。

但是事实证明，虽然每一段关系是独一无二的，但也存在许多共性。心理学的存在，能让我们经营一份爱情的时候，了解自己的处境，从而规避风险。这一点是值得我们学习的。

以下是由美国心理学家斯腾伯格提出的爱情三角理论。

斯腾伯格认为爱情由三个基本元素组成：激情、亲密和承诺。这三个元素的不同搭配，呈现出的爱情模式是不同的，两个人在这一关系中的体验也截然不同。你可以对照下图，来看看你们的关系属于哪一种，看看你们的爱情属于哪一种模式。

```
              喜欢
          （孤独的亲密）

   浪漫之爱              伴侣之爱
（亲密关系+激情）  完美之爱  （亲密关系+承诺）

         亲密关系+激情+承诺

 迷恋          愚昧之爱         空洞之爱
（独立激情）  （激情+承诺）    （独自承诺）
```

斯腾伯格爱情三角理论

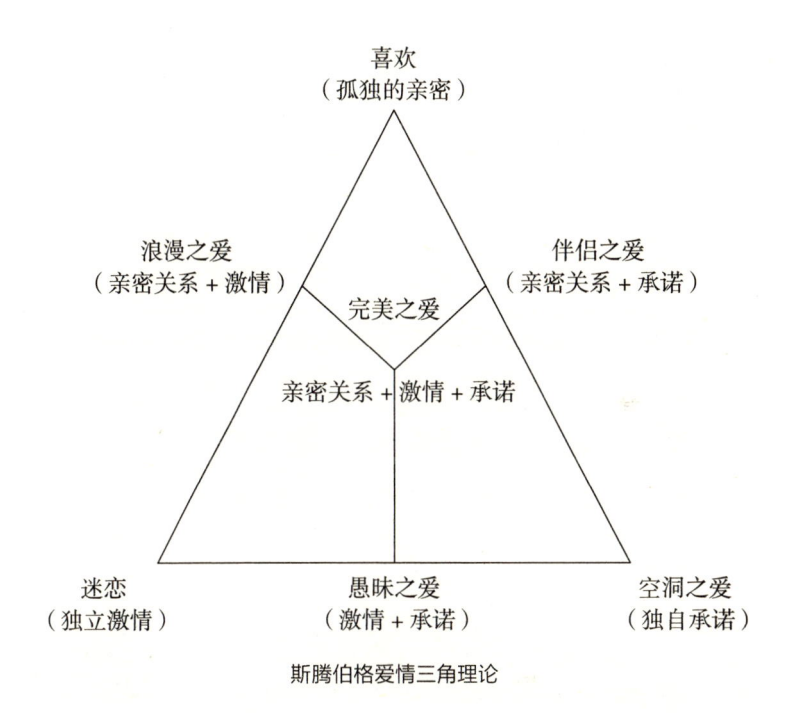

除了以上七种模式——喜欢、迷恋、空洞之爱、浪漫之爱、愚昧之爱、伴侣之爱、完美之爱，心理学还将爱情分为四阶段：激情期、亲密期、战斗期、白头偕老期。

1. 激情期（1年左右）

激情期，也被称作假性浪漫期。你们刚在一起的时候，是否一日不见如隔三秋？整天想着对方？总是一起出入各种场所？

如果是，恭喜你，你们之间激情满满，这是典型的激情期的表现。

2. 亲密期（3年左右）

从激情顺利过渡到亲密关系，是十分重要的。两个人是否能向对方袒露自己的秘密和缺点，并且持续欣赏对方的优点，接纳对方的缺点？

如果能，恭喜你，你们已经成功过渡到亲密关系，并且可以持续发展一段时间。

3. 战斗期（7年左右，所谓的"七年之痒"）

在一起一段时间后，一般会因为生活习惯、文化、思维方式的不同而有所摩擦。会拌嘴、争吵甚至不想见到对方，这都是十分正常的。

你们能不能做到因为爱而去包容、求同存异？

不能？那么很可能关系就终结了。许多夫妻就是因此而离婚。

能？那么恭喜你，你们已经成功适应战斗期，并准备进入真的浪漫期。

4. 白头偕老期（一起到白头）

你们已经度过激情期、亲密期、战斗期，来到真正的浪漫期。这个时候你们在一起经常感到温暖、和谐、安心、满足、幸福。

恭喜你们，收获了最美好的爱情。

最美好的模式莫过于完美之爱，由亲密关系、激情、承诺组成，能顺利度过爱情四阶段。如果你的模式不属于斯腾伯格的完美之爱，同时在过渡阶段也不顺利，这也没有关系。因为有许多伴侣在一起之后，经过修复和升华，呈现出另一种美好的状态。

婚后再次相爱,也是许多心理学家研究的新方向。

(下)

随着个案研究的深入,我发现爱情由两个部分组成:爱与恨。

我们会发现,爱和恨并不是独立存在的。根据不同的比例组合,爱情的质量会不同。

爱的部分由品格欣赏、性吸引、互相理解、彼此感动、互相关怀、安全感六大元素组成。

恨的部分由落差感、失望感、乏味感、互相攻击、被忽视五大元素组成。

爱的部分越充足,爱情的质量越高。恨的部分越多,关系越容易走向毁灭。

这个世界上没有完美的伴侣,每个人都存在优点和缺点,如果关系中出现了问题,往往是因为一方或者双方心中的恨意在滋长。

我发现好的爱情,往往是因为爱的部分被彼此不断强化。两个人善于制造相互吸引、相互理解、相互关怀的氛围。你可以尝试自评你们的关系:你们现在的关系是爱意占比更高,还是恨意占比更高?如果恨意占比更高,需要两个人用心创造爱的六大元素,这样会对关系改变有很大的帮助。如果一份关系中爱的部分满足六大元素,恨的部分往往只占据很小的比例,这样的关系是美好且长久的。

看得见的心理成长
如何掌控情绪，发现自我

　　量表要求：以下的量表需要和伴侣共同完成，需要互相提问，不作批判，轮流倾听。

　　1. 爱情自评表

　　（1）你们欣赏对方的品格吗？

　　（2）对方对于你而言具备性吸引力吗？

　　（3）你能理解对方，且对方也能理解你吗？

　　（4）你有感动过对方，且对方也感动过你吗？

　　（5）你关心对方，且对方也关心你吗？

　　（6）这份关系让你或者对方感到安全吗？

　　2. 亲密关系修复指导表

　　（此表的对话练习，需要心平气和，真诚地表达自己的真实感受，且不对对方的表达进行批判。这个表的目的在于了解对方的真实想法，进而修复关系。如果在这个过程中出现争吵，建议先暂停，等准备好了再来完成。）

　　（1）你们能坦诚地对对方说出自己对这份关系哪些部分有落差吗？

　　（2）你们能坦诚地对对方说出自己对对方哪些部分感到失望吗？

　　（3）你们能坦诚地对对方说出自己对这份关系哪些部分感到乏味吗？

　　（4）你们能坦诚地对对方说出自己在什么时候出于自我保护而（语言）攻击对方吗？

（5）你们能坦诚地对对方说出自己在什么时候感到被忽视了吗？

3. 亲密关系升华表

（1）你们打算做些什么增加对方对自己品格的欣赏？

（2）你们打算做些什么提升自己对对方的性吸引力？

（3）对方怎样做，会让你感觉被理解了？

（4）一起回顾哪些时刻你被对方打动过，请具体描述。

（5）对方怎样做，会让你感觉被关心了？

（6）对方怎样做，会让你感觉这份关系是安全的？

亲情四部曲：永恒的温度

（上）

亲情，是有血缘关系的动人情感，是剪不断的情，是分不开的爱。

在意识到亲情在我们心中的意义后，我们就会希望为家族争光，哪怕在社会上疲惫不堪，也希望家人为自己感到荣耀，为的是有一天我们能衣锦还乡，父母能欣慰地夸耀我们有本事。

许多人在社会上追求功成名就的原动力，就是对亲情的承诺和责任心。

（中）

这是我在我的父亲去世之后写的一篇文章，它能很好地诠释我对亲情的感受。

看得见的心理成长
如何掌控情绪，发现自我

　　我的父亲去世了。2020年3月13号下午6点45分，没有葬礼，只有匆忙的火化。他在汉川，我在北京。我无法拥抱他已经冰冷的尸体，无法对他说："你醒醒，现在还不是你该走的时候。"

　　他就这样离开了，他的一生轻得像缕烟。他经历了太多常人无法忍受的，直到坚持到生命的最后一秒。

　　他与我之间的某种联结好像断裂了，又以某种新的形式存在着。

　　当他还在世时，我常常会因为电影中有关父爱的情节而落泪。那是深深的渴望埋藏在我心底太久之后，一种无法抑制的强烈感受。一个小小的触动，都会让我的眼泪决堤。

　　我常常规劝人们，父亲是不完美的。但是我内心何尝不希望完美的父爱。我渴望我们亲密无间，一起嬉笑打闹，一起旅行，一起散步。但仅仅是这些简单的事情，我们也从未有过。

　　原来，我要的不是完美的父亲，而是他，特定的他，给我温暖的关爱，仅此便足够。

　　在他生病之后，我无数次想过他的死亡。我以为自己做了足够好的心理建设，但是我忽略了作为孩子的对感情来日方长的天真期待，和作为成人的对生命陨落而无能为力的内疚绝望。

　　我高估了自己对待生命的理性态度。失去父亲的那一刻，我被感性湮没，退无可退。

　　从兄长那里得知他去世的消息之后，我心中先是震惊，随之而来是巨大的悲伤，心中好像有一个巨大的黑洞慢慢将我吞噬。虽然我过去不断思索死亡和生命，但是当生命中最重要的人离开时，我依然感到迷茫和不知所措。

我回忆起从前未原谅他的日子，那些岁月是沉重而愤怒的。随着成长，我看见了他冷漠背后的善良，古板背后的执着，尖锐背后的哀伤……

在原谅他之后，我也原谅了自己。我看待世界的角度从原生家庭转向了更广阔的世界。我的生活变得轻盈，欢歌笑语。和他的关系是我生命中最重要的命题。

我之所以成为我，是因为他的存在。

如今，他已挥手向我告别，离开我的生活，离开我的世界。我竟然发现，我如此眷恋有他的日子。我最大的遗憾是没有陪他去他出生的地方走走，陪他与故土和乡亲告别。

过去我封存的记忆，在他走了之后，开始像播放电影一般，一幕幕地回放。

在我小时候，他外出回家后，把我高高地抱起，呵呵傻笑的模样；在我游泳不小心呛水时，他惊慌失措地抱起我的模样；还有当年年幼的我被推进手术室抢救时，他在手术室外撕心裂肺地哭喊的模样……

我长大以后，当我为母亲和他吵架，他愤怒背后的失望与难过的模样；在我打算开始写作，当年没有收入，他悄悄给我塞了2000元钱的模样；在我离开家，他远远看着我，掩饰自己情绪的模样……

在我的婚礼上，他一改以往的沉默寡言和不苟言笑，变得热情好客、眉开眼笑的模样……

这些都深深刻在我的心里，这一辈子都不会消散。

父亲，我爱您。很抱歉，我从未对您说过。

未来的我，会带着你传承给我的正直和善良，一直生活下去，并传承给我的孩子，这是我和你的另一种联结方式，也是我在对您说，我爱您。

（下）

亲情的组合关系有很多，如父母和孩子之间，兄弟姐妹之间，父亲和孩子之间，母亲和孩子之间，亲戚之间，等等。但是让自己深刻的亲情关系，一般都会经历以下四个阶段，而我也深刻地体会过这四个阶段。

我将亲情在人一生中的流动过程总结为"亲情四部曲"，分别为依恋、敌对、和解、思念。

1. 依恋

在第一个阶段，父母和孩子彼此依恋，看到新生的生命既欣喜又充满希望。婴儿需要依赖父母才能存活、长大。父母依恋婴儿体验到被需要的感受，完成自己的价值需求。这个时期往往出现在孩子婴幼儿时期，是亲子关系较为和谐的一个阶段。

2. 敌对

在第二个阶段，孩子成长，慢慢有了自己独立的思想，父母发现孩子的生存能力和潜力，同时受到社会因素的影响，开始对孩子有更高的要求。从第一个阶段无条件的爱转变成有条件的爱，这个时候孩子感觉自己没有被父母完全接纳，于是产生敌对情绪。这一阶段往往出现在青春期。这个时期的孩子觉得父母不是无所不能的，对父母产生了失望感，加重了敌对情绪。而父母因为过去一直被孩子崇拜和依赖，这一时期的关系发生了变化，感到受挫，也产生了对孩子的敌对情绪。父母体验到对孩子的失控感，潜意识认为这种感受是危险的，出现了压制的行为，一般伴随着语言和行为上对孩子的控制。这一时期，除了原则方面的事情，比如违法犯罪、伤害自己或他人的事情，对于其他事情，父母还是要展现出强制性的态度以外的其他方面，我建议父母要让孩子赢，孩子赢了，获得力量感之后，反而会升华亲子关系。

3. 和解

在第三个阶段，孩子长大后，开始体验到自己的不完美，并接纳了父母的不完美。在了解到父母的人生经历也不容易之后，对父母的一生有了理解和心疼的感情。这个时期是很重要的和解期，父母懂得尊重孩子的主权，给予孩子更多的肯定，孩子也开始关心父母，给予父母温暖。这是亲子关系的第二个和谐期。

4. 思念

在第四个阶段，父母开始患上疾病，慢慢接近死亡。孩子也渐渐成熟，有的已经结婚生子，在面对自己的孩子不理解自己时，会理解作为父母的难处。但是这个时候，也许不能对父母有充分的陪伴，会产生一些内疚情感。随着父母的离世，作为子女的自己，开始慢慢回忆过去父母对自己好的部分，开始梦见父母，梦境中的父母往往是温情友善的。

友情三部曲:"嘿,我们是朋友"

(上)

友情,是亲人不理解我们时的港湾与依靠。好朋友之间的友情有时候胜过亲情。朋友有时是这个世界上最了解自己的人,了解自己的软弱。

在友情中,我们不需要像在爱情中展示自己的美好,也不需要像在亲情中展示自己的坚强。

友情不是单方面的情感,是一种互相往来的亲密关系。心理学家罗杰斯认为,判定友谊有三个重要的指标,我称之为"友情三部曲"。

第一,能够对朋友袒露自己的感情和秘密。

第二,信任朋友,相信自己对其的任何表达都会被尊重,对方也不会泄露自己的秘密或反过来伤害自己。

第三,友谊关系仅限于少数的知己朋友之间,并且需要对方存在于自己的生命中。

如果以上三点你和你的朋友都能满足,那么恭喜你们,你们拥有很好的友谊。

(中)

许多人在友情里感到受伤,是因为自己很信任对方,却遭到了背叛。比如将自己的隐私泄露给他人,却遭受他人议论。

（根据心理咨询的保密原则，以下案例已经作了化名处理，并进行了相应的改编。）

小永，男，17岁，高一。

小永是住校学生，最近他感到十分难受，因为寝室里有个室友会在晚上宿管阿姨查房后抽烟。小永难以忍受，在劝解了几次之后，他打算告诉班主任。但是在他打算告知班主任的前一天，寝室被查了，翻出了那个抽烟同学的烟盒和打火机，老师收缴之后，在寝室楼道中将抽烟的同学狠狠训斥了一顿。

小永心里当然是高兴的，但是没高兴多久，"灾难"来临了。

寝室里那个抽烟的同学开始拉着同寝室的几个同学孤立小永，并经常说话揶揄他："没想到都高中了，还有人像小学生一样打小报告。"后来愈演愈烈，他们刻意处处针对小永。当小永在卫生间洗澡的时候故意将小永锁在里面，在食堂打饭的时候故意撞翻小永的饭菜。

小永不堪其扰，解释道："不管你信不信，真不是我说的。"

但是对方根本不信，依然不断地对小永进行语言和行为攻击。没办法，小永只好办走读，情况才开始好转。但是即便如此，小永的生活和学习也受到了很大的影响。

小永回顾整件事，觉得很奇怪，在准备告诉班主任之前，自己明明只对两个好朋友说过，难道是好朋友出卖了自己？后来在小永的追问下，好朋友A告诉小永，抽烟同学的确问过他，他的回答是："是小永做的。"

小永形容自己当时的心情，既失望、愤怒又憋屈。本来告诉

看得见的心理成长
如何掌控情绪,发现自我

班主任有人在寝室抽烟这件事,即便真是小永做的,也没问题。因为在寝室抽烟的确存在很大的安全隐患,加上高中生还在生理发育期,吸烟和吸二手烟对身体都是有害的。无论是哪个同学举报抽烟的同学都是正义之举。

但是,问题出在高中生的人际关系问题上,有时候不能简单地分对错,而是是否让当事人感到难堪。抽烟的同学因为被老师当面训斥感到难堪,所以处处针对小永。但是事实上并不是小永举报的,这又让小永在备受欺凌的基础上增添了一层遭受朋友背叛的创伤。

好在小永的另一个好朋友B站在小永这一边,在小永被孤立的那段时间,这个朋友主动找到了抽烟的那个同学告知了事情的真相:"原本小永准备举报,但是因为在一个寝室抬头不见低头见,为了避免尴尬,所以选择一再提醒,并没有真正去做。抽烟这事也确实影响到了其他同学,无论是谁做的都有可能。你以后可以抽,伤害你的身体是你自己的事,但是别在寝室里抽了。"

小永很感谢好朋友B站出来为他说话。他成了小永高中最好的朋友。至于好朋友A,小永虽然选择了原谅他,但是小永说:"我们永远不可能成为真正的好朋友了。"

(下)

如果让我在罗杰斯的"友情三部曲"中加上一条,我会加上:"朋友有难,在保护自己的前提下,情义相挺。"

情义在友情中是非常重要的。试问,如果一个人因为一点风险，便将朋友置于危险之中，似乎不能称之为真正的朋友。

幸好小永有一个情义相挺的朋友，如果没有，小永的高中三年将会多么难熬。朋友之间需要正义、正直的品质。

如果说哪一类人会有许多朋友，那么一定是正义、正直的人。

职场人际：同事之间不一定是宫斗剧

（上）

职场是我们赖以生存的地方。我们一天大部分的时间都在工作，我们与同事打交道的时间有时候会远远超过与其他人。拥有好的职场关系的群体，在与同事并肩作战时，工作会变成一件有趣的事情，每天都有去上班的动力。

但是，如果职场关系不融洽，我们便会产生一系列的负面情绪，工作便成了一件痛苦的事情。许多人来寻求职场咨询的时候，主要的问题是如何让同事接纳自己的意见，如何让职场关系变得融洽，如何让自己受人尊敬。

我们需要减少职场上的各类偏见，并使用沟通技术。

心理学中有一种很适合处理各种社会人际关系的方法，被称为"三明治沟通法"。我发现这种方法在职场上的效果很显著。

"三明治沟通法"有三个步骤。

（1）正向肯定：肯定对方的付出和努力。

（2）负面反馈：给出不满意的意见和看法。

（3）正面结尾：展望愿景。

下面的案例中，我们可以从旁观者的角度来看当事人减少偏见，用了"三明治沟通法"，以及没有减少偏见，没有使用"三明治沟通法"的区别。通过案例我们可以更好地掌握这种方法，用于我们的社会人际交往。

（中）

故事一

今天女领导会安排一个新的项目，她不知道要交给谁。这个女领导，她认为自己的下属并不服自己，所以每次开会前都要做很长时间的思想建设：如果待会儿开会出现一些质疑的声音，我该怎样做？

开会时——

女领导心想：别看他们表面客客气气的，其实内心一点都不服我这个女领导。

男下属A心想：办公室的几个人，都是本地人，对我这个外地人一点也不放心。

男下属B心想：我的业绩并不突出，裁员的话肯定先裁我。

女下属A心想：待会儿领导安排项目，肯定又让我加班。欺负我年龄小，好说话。

女领导在安排任务的时候每个人都心不在焉，虽然很礼貌地回应，但是没有多少正向反馈。显然，虽然工作有进展，但是这次的会议并不成功。

从这个故事可以看出，职场上存在很大的偏见，有时候那些没有说破的心理活动，而后外化成行为，就好像宫斗剧。故事一中的四个角色，每个人都有自己带着偏见的心理活动。

很多时候根据自我定义去判断他人是造成偏见的根源。偏见无处不在。"偏见一旦为自己找到理由，它就会从容不迫。"威廉·黑兹利特在《论偏见》中如是说。

约翰·道维迪奥也说："尽管我们有意识的想法处于恰当的位置，而且也确信我们没有偏见，但我们内心却并非如此。"

性别、年龄、能力、地域的偏见充斥在职场之中，这些偏见对社会产生了不同的影响。许多人害怕自己被不公平地对待，但也在不公平地对待他人。有的人认为女性做不好管理工作，有的人认为本地人会不思进取，有的人认为工作阅历不够会吃亏，等等。这些带有偏见的看法，导致许多人在职场上，除了要处理工作本身的内容，也要花大量的精力去处理职场人际关系。

刻板印象可能是积极的，也可能是消极的；可能准确，也可能不准确。偏见是保护自己的一种心理防御机制。人无法完全避免偏见，只能做到减少偏见。

故事二

今天女领导会安排一个新的项目，她不知道要交给谁。这个女领导，决定先放下对自己和下属的偏见，使用"三明治沟通法"。在开会前她分别找了三个下属进行沟通。

她对男下属A说：

（正向肯定）你做事很认真，大家对你的工作能力认可度都

看得见的心理成长
如何掌控情绪，发现自我

非常高，我都看在眼里。

（负面反馈）但是在团队配合的过程中，你有时会有些敌意，我觉得你可以放下心理防备。

（正面结尾）这样的话我们配合起来会更加轻松，我们的团队会更加和谐。

男下属A心想：原来我的能力被看见了，而且领导对我有更大的希望。

她对男下属B说：

（正向肯定）你是一个很好相处的同事，大家都这样认为，我也是这样想的。

（负面反馈）但是你还需要多做一些努力，提升业绩。

（正面结尾）这样的话你也会更有安全感，未来你也能把握更多的机会。

男下属B心想：虽然我的业绩还需要提升，但是我很好相处，这一点领导也看见了。

她对女下属A说：

（正向肯定）你是一个很有上进心的年轻人，非常努力，做得也很出色。

（负面反馈）但是你在项目前期会有些拖延的情况。其实你可以在前期多做一些。

（正面结尾）那么我们的项目进展会更快，你也能拿到更多的奖金犒劳自己。

女下属A心想：虽然我有时候会拖延，但领导还是肯定了我的上进心。

从领导到下属，他们的内在结构发生了变化。在开会时，这三个下属每个人都表现得很积极，最后女领导听他们发表了不同的看法和意见，综合之后，决定与他们分头行动，这次会议很成功。

（下）

"三明治沟通法"需要以减少偏见为前提，否则我们说的话可能会带着攻击性，起不到最佳效果。我们需要把每一个同事看作有血有肉的人，他们需要被肯定，被看见，被重视。如此一来，职场便呈现出融洽进取的氛围。

【职场人际关系训练】

1. 减少偏见

你对哪些同事存在偏见？这些同事身上有哪些优点？

_____

_____

_____

2. "三明治沟通法"练习（请选择一个同事作为练习的对象）

（1）正向肯定：肯定对方的付出和努力。

_____

（2）负面反馈：给出不满意的意见和看法。

（3）正面结尾：展望愿景。

有效建立新的人际关系：你好，陌生人

（上）

认识陌生人是扩大社交圈的一个重要途径。我采访过不同的人，他们对陌生人的态度各不相同。

有的人说："陌生人很好，就是因为他不了解自己，所以我什么都可以放心地说，没有任何思想包袱。"

有的人说："世风日下，人心不古，我不知道什么人是可以认识的，什么人是不可以认识的，还是省去麻烦比较好。"

有的人说："曾经有个陌生人帮助过自己，后来我们成了朋友。这个世界还是好人多。我喜欢认识陌生人，两个原本没有任何交集的人相互认识，想想就很奇妙。"

在综合了一些观点之后，我认为遵循以下5点，便能与陌生人建立有效的人际关系。

（1）将保护自己作为前提。

（2）真诚相待。

（3）对方人品优良。

（4）兴趣相投。

（5）升级为朋友。

（中）

许多恋人、朋友都是从不认识到认识的。我们选择他们是因为他们有我们欣赏的部分，所以我们决定交往，让对方长期留在自己的生命中。如此看来，一个陌生人，可能会是我们未来生命中不可或缺的一部分。

我个人对结交陌生人持一种很开放的心态。因为对于陌生人而言我也是陌生人。我希望他人可以用很开放的心态接纳我。

我有一个很好的和陌生人建立人际关系的经验。

某次，我在学习清华大学的心理课程，课后老师安排了一项作业。作业的内容是一次助人行动。助人是互助环的形式，即一个人帮助另一个人实现心愿之后，被帮助的那个人再去帮助下一个人，最后形成一个多维度的助人环。相当于每个人都会得到帮助，每个人都会传递善意帮助下一个人。

这个心愿是心理层面的，比如被倾听，谈谈规划，给出意见，像朋友一样聊天，肯定自己做得好的部分，等等。

我当时进了一个学习群，这个学习群里的同学在此之前都不认识。学习群里的同学相约共同完成这项心理练习作业。

看得见的心理成长
如何掌控情绪，发现自我

第一个联系我的是一个叫阿庆的男孩。他对我说，他希望帮助我完成我的心愿。他很诚恳地对我说："希望能帮到你。"

那一刻我很感动。因为我已经很久没有体会到这种无条件的帮助了，那一刻我感受到人的善意与温暖。在与他沟通了几个小时之后，我将这份善意传递下去，帮助了另一个人。这次助人环活动对我的影响很大。爱的传递滋养了我的内心，让我感受到来自陌生人的温暖。

我们之后成了朋友。下面是我后来写给他的几段话：

"今年的确是非常不容易的一年，但是很幸运在今年认识了你。

"在我看来，你是一个非常优秀且具有美德的人。你的出现让我感觉很温暖。纯粹的善意降临到我的身上，让我重新审视生活和生命。

"或许人们有与生俱来后来却被掩埋的善良与温暖。这些部分让我意识到，人具有善意，生命是美好的。感谢你的出现！"

（下）

许多人分布在世界的不同角落，他们很善良、美好。如果我们敞开心扉，给彼此一个机会，就可能得到意想不到的收获。

当然，这次的人际关系构建是在一个相对安全的氛围中，是陌生的学习者之间的互动。如果你不太了解对方，还需要先了解自己在与一个什么样的人建立人际关系。在保护自己安全的前提下，去真诚地结识陌生人，是一个不错的选择。

我认为和陌生人建立连接最重要的元素是真诚。如果对方不真诚，我们转身即可。但是如果我们一开始做不到以诚相待，可能会失去一个很好的朋友。

也许许多人认为对每一个人真诚是十分耗费精神的事情。实际上恰好相反，真诚是最简单、最轻松的相处方式，真诚也是最高明的人际交往技巧。

心理学在人际关系方面给出了很多交往意见，比如，真诚、热情、尊重、倾听、接纳、不批判、理解、内容反馈、适度的心理暴露、欣赏等，这些都能很好地增进彼此的感情。

真诚：真实且有诚意，坦诚地表达自己。

热情：给对方一种被积极接纳的感觉。

尊重：需要尊重对方的人格特质和文化背景。

倾听：给对方自我表达的机会，并且表现出耐心和好奇心。

接纳：接纳对方的思维模式和表达方式，以及独一无二的品质。

不批判：如果对方的言论和自己的观点相悖，可以求同存异。

理解：理解对方的处境以及表达观点的意图。

内容反馈：将对方的话语用自己的方式表述出来，让对方感到自己被重视。

适度的心理暴露：谈论自己过去和对方类似的经历，能拉近彼此的距离。

欣赏：发现对方好的部分，并反馈给对方，给对方一种被欣赏的体验。

以上这些方法都能很好地促进人际关系。我们可以发现，这些都与沟通有直接的联系。如果没有沟通作为基础，一段人际关系也不会开始。

CHAPTER 7　喜怒无常的情绪小怪兽

情绪多变,很多时候难以捉摸。如果不了解自己的情绪,我们会带着一些莫名的情绪,做许多连自己都感到匪夷所思的事情。这一章会全面解析各种不同的情绪,帮助你了解情绪的基本运作原理,觉察自己的情绪,成为情绪的主人,从而能够调动自己的积极情绪。

基本情绪理论:你才是情绪的主人

(上)

心理学认为人的基本情绪有4种,分别为喜悦、愤怒、悲伤、恐惧。人的许多复合情绪是由这些基本情绪混合而成的。随着个案的积累,我发现人还有一种惊讶的基本情绪。惊讶的情绪在混合了其他基础情绪之后,往往难以消退。

比如,惊讶和喜悦融合在一起,会有兴高采烈、情绪高涨的表现;惊讶和愤怒融合在一起,会出现攻击行为;惊讶和悲伤融合在一起,会出现回避社会交往的行为;惊讶和恐惧融合在一起，会有惊恐的表现。如果想了解并控制自己的情绪，我们需要了解自己不同的情绪，熟悉那些经常出现却陌生的感觉。所以，我将惊讶加入了人的基本情绪之中，形成了5大基本情绪。

基本情绪理论：人作为情绪的主体，有5种基本情绪，即喜悦、愤怒、悲伤、恐惧、惊讶。这些基本情绪主导着人的感受和行为，如果我们作为主体对这5种情绪进行控制和协调，我们便能成为情绪的主人。

我在5大基本情绪之上，添加了情绪主体，即我们自身。因为我们是情绪的主人，如果我们不将情绪主体进行强化，那么我们的状态很容易跟着情绪剧烈起伏，好像坐过山车一般。

（中）

（根据心理咨询的保密原则，以下案例已经作了化名处理，并进行了相应的改编。）

肖芬，女，25岁。

某天放学，肖芬与两个女同学在回家路上分别之后，那两个女孩都失踪了，那年肖芬12岁。那晚，两家人找到肖芬家，火急火燎地询问自家孩子的情况。肖芬如实回答："我们三个分开之后，我就回家了。不过，当时我回头的时候看见一个戴着帽子的男人，那双眼睛在远处看着我们。我没多想，就跑回家了。"

那个戴帽子的男人的眼睛，成了肖芬往后13年的心理阴影。她的两个同学最终都没有找到，镇上有的人传言她们死了，有的人传言她们被卖到了山村，有的人传言她们是离家出走。不管镇

看得见的心理成长
如何掌控情绪，发现自我

上的人怎样说，肖芬认定是那个戴帽子的男人绑走了两个同学。

从此以后，肖芬给人一种非常内向的感觉。她变得沉默寡言，也不敢一个人去人少的地方。只要去人少的地方，她便觉得那双眼睛在看着自己。

上了大学之后，肖芬开始逐渐放松下来，偶尔也能去人少的地方了。某天，肖芬从校外的书店回学校的路上，经过一条偏僻的巷子。以前肖芬是绝对不敢走的，但是那天她打算试一下，看看自己是否从过去的创伤中走出来了。结果这一试又出现问题了。她发现身后有个男人跟踪自己。她停下来，身后的人也停下来。她走，身后的人也走。她确定那个人是在跟踪自己。于是她急中生智，假装给并不存在的男朋友打电话："喂，亲爱的，你来接我吧，我在学校旁边的巷子里。"

等她转身，那个人也转身离开了。于是她拔腿就跑，跑回了学校。肖芬心中那道关了一半的闸门，又被打开了。这次她的行为和过去完全不一样了。

她开始变得外向、健谈，打扮也非常艳丽，经常出入夜店。为此，辅导员没少找她谈话，而她都是嘻嘻哈哈地打马虎眼。同寝室的同学也感觉很奇怪，觉得她好像变了一个人。许多人都好奇她是不是失恋受了刺激，而实际上她从未谈过恋爱。

（下）

我们前面学习过怎样辨别心理正常和心理异常。其实肖芬的人格突然转变，已经符合其中的一个评估指标了。肖芬从一个内向的女孩突然变得外向，从原本爱去书店变得频繁出入夜店。这些骤然的转变，能体现出她的心理结构发生了很大的变化。如果经过一段时间，出于自身的选择，发生一些变化是正常的。但是因为某个刺激源突然导致当事人发生巨大的变化，就需要引起注意。

肖芬小时候那两个女同学失踪的事件，对于她是一个很大的创伤事件。因为当时失踪的女孩也可能是自己，加上朝夕相处的同学失踪，会在心中引起很大的震荡，而且自己还是唯一见过她们最后一面的人。她很后悔当时没有提醒她们当心那个戴帽子的男人在盯着她们。愤怒、悲伤、恐惧、惊讶等一系列情绪压着她，让她无法喘息。直到再次遇到类似的事件，她的情绪便爆发了。

但是，如果她的父母在她小时候便对此加以重视，带她进行心理疏导，也许她此后的人生就不会被那一系列情绪牵着走。那些主导她的情绪中最强烈的是惊恐，有些类似于PTSD（PTSD是创伤后应激障碍，一般因为当事人经历、目睹一个或者多个对自身或他人安全的威胁，延迟出现或者持续出现的精神障碍。目前治疗PTSD比较好的方法是认知行为疗法、催眠疗法、眼动脱敏与再加工疗法、精神分析疗法等）。

肖芬这一年一直受多种复合情绪的折磨，所以才会有后来的崩溃情况。并不是人受到情绪控制，一定会发生严重的精神疾病，但是精神疾病一定存在严重的情绪障碍。可想而知，成为自己情绪的主人何其重要。

那么如何成为情绪的主人？我们需要对照基本情绪理论，认

看得见的心理成长
如何掌控情绪，发现自我

识并调节情绪主体和5类情绪基本元素之间的关系，保持每天记录的习惯，预防情绪积压到崩溃的地步。

关于情绪的主人，也就是我们的主体，建议在练习的时候分化出一个更有智慧的自己。这个更有智慧的自己是睿智的、幽默的、豁达的。

【自我情绪疏导练习】

情绪记录表（例表）

时间	喜悦	愤怒	悲伤	恐惧	惊讶	主体感受
星期一	今天写了几篇文章，我感到很开心	没有	没有	担心我母亲生病	没有	我可以协调喜悦和恐惧，让它们均衡地存在着
星期二	今天咨询的案例质量很高，我感到很满意	我的猫在玩的时候，不小心抓伤了我	我想到小时候母亲对我关怀无微不至，我舍不得她有一天离开我	母亲的身体每况愈下	收到一份让我惊喜的礼物，惊讶于人之间的温暖可以如此动人	惊喜，是很美妙的事情
星期三	我的书稿接近尾声，我感到很轻松	没有	我开始接受对母亲的内疚	我开始接受生老病死是生命的常态	我发现有几个咨询者成长得很快，我发现人的潜力如此惊人	情绪是动态的，是不断变化的，这也是一件很美妙的事情

续表

时间	喜悦	愤怒	悲伤	恐惧	惊讶	主体感受
星期四	今天弹了很久没弹的钢琴，发现音乐能使我心旷神怡	先生误解了我，我有些生气，但是我们后来的沟通化解了误会	没有	计划未来时，害怕许多不确定性的因素	没有	生活有未知才能缤纷多彩
星期五	今天很平静，练了一会儿琴后，心情明媚欣喜起来	没有	没有	我开始接受计划未来不一定使人开心，但是是有意义的	我惊喜地发现，练了琴之后的手指对于在电脑上快速写作很有帮助	平静也是喜悦的一种形式，欣喜是一种福流
星期六	今天想到了一个心理学小说题材，我感到很兴奋	没有	以前朝夕相处的好朋友，很久没联系了，想来有些伤感	未来一半恐惧，一半会有意想不到的收获	我惊讶于人的关系，有时候亲疏不由人	我越来越善于捕捉生活素材。这也是一种成长的收获
星期日	今天休息了很久，感觉很放松、很愉快	休假时被工作打扰，有些不快。决定工作日再处理	接受不同的人在不同的人生阶段会有不同的选择	感谢恐惧的存在，让我有机会处理这些命题	人的情绪像水一样流动，很奇妙	允许情绪自然流动，会收获轻松自在的感觉

请参考以上情绪记录表，每天记录你的各种情绪和感受。

看得见的心理成长
如何掌控情绪，发现自我

情绪记录表

时间	喜悦	愤怒	悲伤	恐惧	惊讶	主体感受
星期一						
星期二						
星期三						
星期四						
星期五						
星期六						
星期日						

为什么一生气就想打架？因为愤怒情绪控制了你

（上）

（根据心理咨询的保密原则，以下案例已经作了化名处理，并进行了相应的改编。）

小广，男，38岁。

近来，小广觉得很烦躁，因为他前两天把楼上的邻居打了，闹得警察都来了。

这件事还得从三个月前说起。近一年来，小广都是居家办公。就在三个月前，楼上开始每天都非常吵，他办公的时候总会被楼上的噪声干扰。他不堪其扰，去楼上交涉了好几次，但是发现声音不减，反而更大了。有时候是孩子咚咚的奔跑声，有时候是夫妻吵架的声音，有时候是电视机很响的声音。总之，各种声音吵得小广无法安心工作。

他感觉楼上的邻居一点也不尊重自己,自己说了好几次,也找来了物业,但是一点效果也没有。最后,他在网上买了一个叫震楼器的东西,装在自己的天花板上,目的是报复楼上每天发出噪声,他想让楼上的邻居也体验一下被噪声折磨的日子。只要家里的震楼器开着,他就出去在咖啡店办公,然后窃喜自己的怨气终于能撒出来了。

后来事情愈演愈烈,因为这个震楼器会让整栋楼的人都感觉在颤抖,有种工地在施工的感觉。许多邻居都找物业投诉。小广感觉事情不妙,于是关了几天。关的那几天,楼上也消停了。但是也就只安静了几天,楼上又开始闹腾了。小广原本以为自己以后能安心工作了,当听到楼上的噪声再次响起时,他气就不打一处来。他又开了震楼器。这一次,换楼上的邻居来敲门了。

(中)

楼上的邻居来找小广的时候态度并不好,夫妻俩怒气冲冲地找小广理论:"是不是你在搞鬼?弄个机器来敲我们楼上的地板?你这个人真是一肚子坏水。"

小广原本想谎称不是自己,因为他不想把事情闹大,但是听对方说的话十分难听,小广挥手就是一拳,把男邻居打倒在地。女邻居惊慌失措,连忙报了警。

警察来协调的时候,各说各的道理。邻居说:"我们家的孩子这段时间在家,不能去学校,每天活动量不够,我们确实买了一些运动器材,让他在家多运动。这个年龄的孩子,本来就是这样

看得见的心理成长
如何掌控情绪，发现自我

活泼。我们地板上也贴了消音垫，哪有他说的那么吵？这栋楼很多家都有孩子，为什么唯独他觉得有问题呢？我看是他有问题。"

邻居的话，让小广忍不住想再次动手，但被警察拦下了。警察请小广好好说话，别动手。小广说："他们已经这样闹腾3个多月了，我三番五次好言相劝，他们不但不收敛，反而变本加厉。家里是健身房？从早到晚那么吵，谁能受得了？你家孩子长身体最金贵了，全世界都该让着你们是吧？养着熊孩子，一定就是熊家长，熊家长揍两顿就懂事了。"

警察见双方都觉得自己是受害者，于是从中协调。警察认为扰民就不对，不管是家里孩子健身，还是装震楼器，都是不对的。楼上的孩子健身要选择不干扰邻居的方式，楼下的震楼器也要拆除。

虽然从理智的角度来看，小广的行为，无论是动手打人还是装震楼器都是不对的。但是从情感的角度来看，小广的确遭受了将近3个月的精神折磨，也属于受害者。但这些都仅仅是故事的表面。随着我和小广的沟通推进，我发现根源在于，小广在工作上不顺利，于是小广产生了许多愤怒的情绪。在遇到生活中不如意的事情后，情绪便失控了。

如今38岁的小广，曾经在职场上带了许多实习生。但是半年前，他曾经带的一个实习生成了他的领导。那个人比他小10岁，如今却成了他的领导。他感觉很挫败，心中很不是滋味，觉得没有受到单位的重视。为此，他寝食难安。本来晚上睡不好，白天就更容易烦躁。加上楼上噪声不断，他的愤怒情绪便有了指向。

（下）

小广需要接受已经发生的事实，然后学习控制愤怒情绪的方式。因为我们工作也是为了让生活过得更好，那么我们直接行动即可。我们需要从认知和行为两个方面作出调整。

1. 认知层面

当我们产生一系列的情绪时，有时候会指向某件事或者某个人，有时候则没有任何指向。这个时候我们往往会感到十分困惑：我到底是怎么了？为什么会有如此多的情绪？

我们需要用元认知去认知不同情境下我们的情绪反应和思维模式。

什么是元认知？

元认知是对认知的认知。类似于觉察，包含自省功能。借助元认知，我们能客观地看待自己的情绪变化、处理事情的方式，以及我们自身的优势与不足。

我们有许多真实的想法在潜意识里，如果没有遇到特殊的情境，我们无法挖掘出这些想法，对自己的情绪展开思考。如果此时生活中恰好发生了一件对我们情绪产生很大影响的事情，我们需要捕捉后进行分析：为什么我们会在这件事情上产生这种情绪？我们是如何思考的？我们是怎样对外界发生的事情给出解释的？当我们使用元认知去了解自己时，我们会越来越敏锐地察觉到自己情绪变化的原因。

当我们捕捉到自己情绪的变化和处理事情的办法时，就是元

看得见的心理成长
如何掌控情绪，发现自我

认知在工作了。元认知就像是观察者，而我们本身是被观察者。因此，我们既是观察者也是被观察者。

元认知本质上是一种"内在的智力运作"，就好像认知是外界的智力运作一样。在元认知的作用下，久而久之，我们会越来越了解自己，最终达到提升情商、智商和心理免疫力的作用。

虽然我们的出发点仅仅是了解自己，但是我们也会变得越来越有智慧。因为我们了解自己对不同的事情做出不同的反应是因为我们的成长模式、思维模式、诠释角度不同，所以我们也更能理解其他人对不同的事情做出不同的反应，无形之中强化了品质里的宽容。

2.行为层面

如何能够很快地消除愤怒情绪？

心理学中有种快速的调节方式，叫作腹式呼吸法。

研究表明，人的肺是与人的情绪联系很紧密的器官。我们听到有人说"我的肺都气炸了"，其实是有道理的。很多时候不是我们生气才发脾气，而是发脾气会越来越生气。因为发脾气的时候肺部紧张收缩。因此，我们需要反其道而行之，使肺部放松，通过呼吸的方式使自己平静下来。其实冥想也是使用相似的方式。长期冥想的人更容易做到心平气和，也是这个道理。

腹式呼吸法的具体练习方式：

当我们感到负面情绪时，我们可以将手放在自己的腹部，深呼吸，关注自己的呼吸，直到自己平静下来。

自我和解："嗨，我叫快乐""哦，我是悲伤"

正如每个人心中都住着天使与魔鬼，同样，我们的心中也住着快乐与悲伤。下面是快乐与悲伤的对话，它们住在每一个人的心里。

悲伤：我开心不起来。我看你很开心，你是怎样做到的呢？

快乐：因为我会把自己拥有的东西，每天告诉自己一遍。这听起来似乎有些傻乎乎的，但这就是我快乐的源泉。

悲伤：唉，我可做不到。很多人比我拥有得多，我和他们比较，就显得微不足道了。我觉得自己的能力不如别人，外貌不如别人，家境不如别人，什么都不如别人。想到这些我就很难受。

快乐：心疼你。你内在有一个声音在指责你不够好，我看你都快喘不过气来了。你一定很辛苦吧？

悲伤：是啊，这个声音一直说我不够好，但从来不想想我好的一面。

快乐：快告诉我你好的一面吧！我特别想知道。

悲伤：我善良、上进、待人真诚。别人有求于我，我总是尽心尽力地给予帮助。我其实是一个很好的人，为什么因为我赚钱少，这个声音就要否定我？这很不公平。

人如果看不见自己已经拥有的，常常会像一个漫无目的的登

看得见的心理成长
如何掌控情绪，发现自我

山者，不停地越过一座座高山，却感觉永远达不到自己想要达到的高度，内心自责又沮丧。我们需要时不时地回头看看，看看那些自己已经翻过的山，跨过的河，肯定自己已经做到的部分，然后在知足常乐的基础上持续探索。

心理游戏1：在下面空白处，写出你已经拥有的，并用手机拍下来作为屏保。

_____

_____

_____

快乐：你很不错，在这个声音的压力之下，还能坚持做自己，我很佩服你。听得出来，这个声音让你感觉很委屈。来吧，到我怀里来，让我抱抱你。

悲伤：谢谢你。你很懂我。为什么快乐会这么懂悲伤？

快乐：因为我是另一个你啊。这么多年，你把我压在心里，不让我出来和你说话，一定很辛苦吧？

悲伤：是啊，自从长大之后，我就不让自己开心了。

快乐：为什么自从长大之后，你就不让自己开心了呢？

悲伤：小时候的某些伤害，我的确已经有能力化解，但是沉浸其中会让我有种凄美、哀伤的感觉，让我觉得自己的心是跳动的，情感是流动的，我贪恋这种感觉。这可以理解成一种精神上的自虐。

我想过不允许自己快乐的原因，因为我的母亲不快乐，我的父亲不快乐，我的哥哥不快乐，我身边的朋友也不快乐，如果我快乐，似乎被孤立在人群之外，背叛了大家。

哪怕我如今已经不害怕孤独，我也依然让自己别那么快乐。从前的我是盲目地快乐，现在的我开始体验真实的快乐，但是我不了解这种陌生的感觉到底是什么，因为我不允许自己去感受。我在观望，在试探。

也许在我们的意识层面，我们很清楚自己唯一的目的是获得快乐，但是在潜意识甚至是无意识层面，我们常常会不允许自己快乐。因为我们从小受到的教育是"吃得苦中苦，方为人上人"。这句话告诉我们，我们不够痛苦，我们没有资格得到快乐。再加上我们的家庭环境，如果家庭成员在不太好的处境中，我们出于对家庭的忠诚，也不允许自己快乐。但实际上，生活可以是轻松愉快的，只不过，我们不相信也不允许，原因在于过去的观念深入内心。所以，我们需要弄清楚自己不开心的理由。

心理游戏2：在以下空白处，写出你不允许自己快乐的原因。

_____

_____

_____

快乐：辛苦你了。你承受了悲伤的部分，把快乐留给我。你真的了不起。我要谢谢你这么多年的坚强，努力地生活着，独自面对生活的磨难。

悲伤：的确，我这么多年，好像被关在牢笼里，但即便如此，我仍然相信你有一天会想到我，来找我。果然，我等到了这一天。以后，我们可以相依相伴。

快乐：走吧，外面春暖花开，一片生机，我们一起去晒晒太阳吧。

允许自己快乐，是获得快乐的第一步。你在乎的人和在乎你的人看见你的快乐，慢慢地，他们也会允许自己快乐，这才是你想要的结果，不是吗？

和负面情绪说再见：1个问题+7个角度

（上）

（根据心理咨询的保密原则，以下案例已经作了化名处理，并进行了相应的改编。）

小陈，男，25岁。

三年前，小陈在网上看见一则新闻，上面报道了一个男孩被女孩骗了很多钱。女孩拿了钱四处挥霍，逼迫男孩给她更多的钱，不拿钱就分手。男孩不想和女孩分开，找父母要钱，父母不给，男孩用刀把自己的父母捅伤，进了监狱。

看这则新闻的时候，小陈感觉反胃、恶心，难受不已，出现了暂时性的焦虑躯体化症状。虽然很难受，但是出于好奇，他又看了很多类似男孩被女孩骗钱的新闻。看完之后，他感到很痛苦。那一刻他觉得谈恋爱十分危险，女孩是不值得信任的，并对这个想法深信不疑。

因为大数据的分析、推送，如果我们在网上关注某种类型的新闻，我们将不断受到这类信息的轰炸。小陈持续看了这类新闻大约半年。从那以后，他便开始对女孩十分排斥。其间，有个女孩追求他，他会不断考验女孩是否视金钱如粪土。如果女孩表现出一点对金钱的渴望，他就会骂女孩拜金、虚荣。

一次，女孩和小陈一起去买水果，女孩想吃进口水果，小陈当场暴跳如雷，吓得女孩愣在原地。女孩觉得小陈不可理喻，十分委屈地选择了分手。小陈于是更坚信这一点，这个女孩果然和他想的一样拜金。他决定以后要么不结婚，要么找个脱俗的女孩。

我问小陈："这个女孩是否提出过关于金钱的过分要求，比如要透支消费，购买超出能力水平的物品？"

小陈回答："没有，但是她以后一定会的。我家里比较富有，如果她知道，可能会让我倾家荡产，这样我就成了不肖子孙。"

（中）

小陈存在一个不合理信念，他将少数的社会事件扩大到整体。其实是因为当初那则新闻吓到了他。他很担心自己受欺骗，所以产生了心理防御机制，不停地怀疑女孩对他是否真心，是否利用他。从他的描述来看，之前喜欢他的那个女孩，其实是一个很普通的想谈恋爱的女孩，但是被小陈的心理防御吓跑了。

看得见的心理成长
如何掌控情绪，发现自我

他后来的恋爱情况也一直在循环之前的模式。他对女孩的任何消费都存在敌意，一旦女朋友想要买些什么，他就开始感到坐立不安。他来求助的时候第一句话是："为什么女孩都这么讲求物质？"

多角度练习法是打破小陈固有思维的最好方式。他这几年只用了一种绝对化思维模式来看待问题，即女孩都会骗自己。小陈现在只看到最坏的结果。

在练习前我用了苏格拉底式的谈话术，先从根源上处理他的不合理信念。这种对话的方式，也属于多角度看问题的基础。

我问他："这个世界上有没有哪些女性，你觉得是不会欺骗你的？"

他回答："我的妈妈、外婆，还有我的一个初中女同学。"

我："为什么这三个女性是不会欺骗你的？"

他："因为我信任她们，她们人很好。"

我："嗯，因为你信任她们，她们人很好。我很好奇，她们会花钱吗？"

他："会。但是都比较节俭。"

我："嗯，节俭是美德。那么她们有花大钱的时候吗？"

他："也有。但是她们没有伤害别人。"

我："对。所以世界上存在能合理消费，即便有花大钱的时候，也不去伤害别人的女性，对吗？"

他想了一会儿，说："我想，是的吧。"

我："是的，这个世界上你欣赏的和不欣赏的人都有。那么如果我们将不认识的陌生人的故事，套在全部关系中，是不是对你欣赏的那部分群体不公平呢?"

他:"嗯,是有点。但是我担心我遇见的都是不好的那部分。"

在我看来,小陈能将"全部"调整成"部分",已经是一个很大的突破了。

(下)

我对小陈使用了认知行为疗法,处理他的不合理信念。接下来我使用了多角度心理练习法,用于处理他的负面情绪。多角度练习法可参考下图。

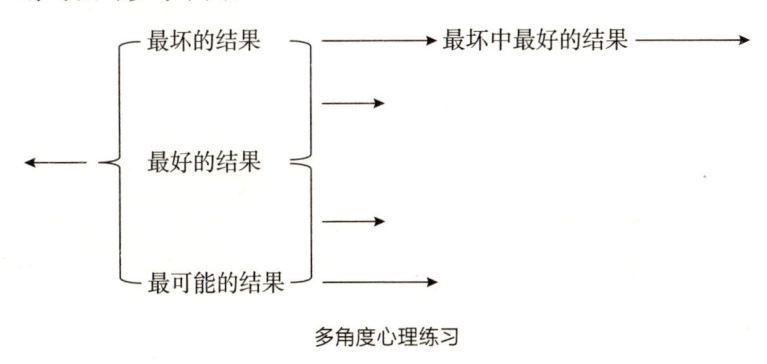

```
         最坏的结果  ──────→ 最坏中最好的结果 ──────→
        ⎧                      ↓
←────── ⎨ 最好的结果
        ⎩                      ↓
         最可能的结果 ──────→
```

多角度心理练习

如图所示,一个问题会有多种可能的结果,即最坏的结果、最好的结果、最可能的结果、互相叠加之后的结果,再加上意料之内和意料之外的多种结果,其实看待一个问题会有很多个角度。为了方便读者掌握,我只列举了其中的7个角度。

结合案例中小陈的情况,我请他做了以下练习。

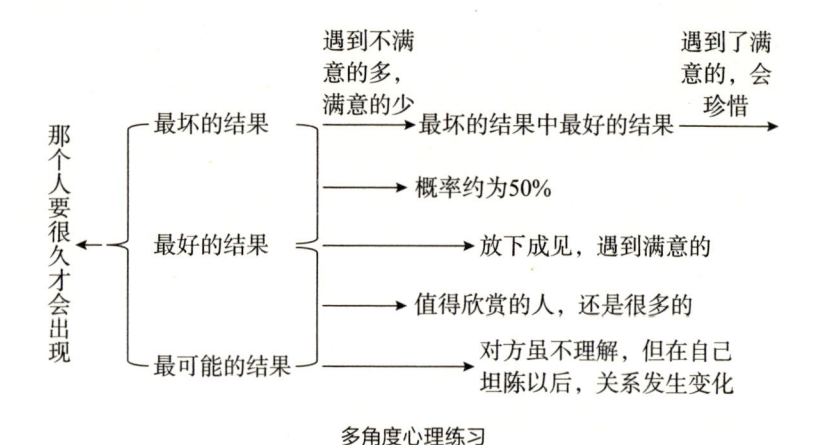

看得见的心理成长
如何掌控情绪，发现自我

```
                           遇到不满              遇到了满
                           意的多，              意的，会
           ┌─ 最坏的结果 ─┤ 满意的少   ─→ 最坏的结果中最好的结果 ─→ 珍惜
那个         │
个人         │                       ─→ 概率约为50%
要很 ←──────┼─ 最好的结果 ─┤
久才         │                       ─→ 放下成见，遇到满意的
会出         │
现           └─ 最可能的结果 ─┤      ─→ 值得欣赏的人，还是很多的
                                      ─→ 对方虽不理解，但在自己
                                         坦陈以后，关系发生变化
```

多角度心理练习

小陈分别看到自己最好、最坏、最可能以及其他叠加的可能结果。图中一共列举了7种可能。

（1）最好的结果：小陈放下对女性的成见，遇到了满意的对象。

（2）最坏的结果：遇到不满意的多，满意的少。

（3）最坏的结果中最好的结果：遇到了满意的，会珍惜。

（4）最可能的结果：自己调整以后，遇到了互相喜欢的女孩，不过分敏感，不带偏见，多一些尊重。虽然对方可能不理解自己，但是自己坦陈以后，寻求她的理解，关系会有变化。

（5）最坏与最好的结果叠加：遇到的概率约为50%。

（6）最坏与最可能的结果叠加：那个人要很久才会出现。

（7）最好与最可能的结果叠加：过去因为害怕欺骗，看见的都是自己想看到的。其实自己欣赏的那类人还是很多的。

经过练习，小陈发现他没有那么担心未来的生活了。我在咨询过程中经常会使用这种方法，用于调整当事人的不合理信念。产生不合理信念往往是因为我们只看见最坏的结果，而最坏的结果又是在负面情绪下产生的。从我个人的经验来看，最坏和最好的结果发生的概率往往比较低。最可能的结果往往没那么好，也没那么坏。但是我们仍需要把不同的结果都看一遍，才能很好地消除负面情绪。因为看见最坏的结果有助于我们规避风险，看见最好的结果有助于我们点燃希望。

下面请你来练习多角度看问题。

你目前的问题是什么？

最好的结果：

___

最坏的结果：

___

最坏的结果中最好的结果：

___

最可能的结果：

___

最坏与最好的结果叠加：

___

最坏与最可能的结果叠加：

___

最好与最可能的结果叠加：

___

外置疗法：你到底知不知道，你想要什么？

（上）

我在不久前收到一封邮件，写信人李安是一个单身父亲。以下公开的信件内容，已经经过他的同意。

方心老师：

我不知道您能不能在百忙之中看到这封信，但我实在没有办法了，只能抱着试试的心态向您诉说我这些年的经历。再不说，我怕我会疯。

都说"男儿有泪不轻弹"，但我此刻是流着泪给您写的这封信。

我今年快40岁了，前两年与妻子离婚，现在一人带着孩子住在我母亲家。离婚的原因是我们与母亲同住，但是我的母亲会经常骂我的妻子，导致我们夫妻之间矛盾不断，最后离婚了。对于这一部分，我并不恨我母亲。因为我知道自己身上也有许多问题，离婚这件事我母亲只是其中一部分原因。

我也感激她曾经送我去美国留学。但是，现在的我宁可她没有送我去留学。因为留学这件事，成了她不断惩罚我的筹码，她每次骂我就会拿送我留学说事。

在我心里，我的母亲就是一个恶魔。

我现在过得很痛苦，她每天都会当着我儿子的面骂我，什么话难听骂什么。似乎我在她眼里就是这个世界上最没用、最该死的人。我从记事起，她说话就难听，经常脏话不断。每一句话都在攻击我的人格。比如"没用的东西""该枪毙的货""该死的玩意儿""废物都不如"……因为是给您写信，更难听的我就不写了。

我的父亲过世之后，她的这个毛病变本加厉。她也没有什么朋友，试问谁喜欢和一个动不动就骂自己的人相处？但是，我羡慕别人可以选择不用和我母亲相处，而我没的选。

现在的我，每天下班回家会主动做饭，主动给孩子洗澡，因为我担心，如果她做饭或者帮忙，会不停地骂："你们这两个倒霉东西，不是你们，我需要这么忙吗？要离婚还生什么孩子，你这是自作孽不可活……"

脏话我就不写了。我自己听虽然难受，但是我更担心给我的儿子造成伤害。我经历的，我不希望他再经历一遍。我真的心疼我的儿子有这样一个奶奶。

我现在做了一份工作，还做了一份兼职，我希望可以多赚一些，买套小一点的房子，把儿子接出去。我也想过租房，但是搬来搬去，我担心影响孩子。我现在想的是，能尽快买套小的房子，让我和儿子脱离苦海，以后再也不用见到她了。

我有时候真的很羡慕那些母亲慈爱的家庭，她们觉得自己的孩子很好，很心疼自己的孩子。但为什么我这么不幸，有个恶魔般的母亲？我现在家都不想回。回家就会听到母亲数落我的前妻。我觉得前妻是孩子的母亲，这样说对孩子影响不好。实际上，

看得见的心理成长
如何掌控情绪,发现自我

我还爱着我的前妻,但是有个这样的母亲,我也没脸让她回来。

我真的好累,有时候也想离开这个世界,但是我的孩子怎么办?我舍不得他,他是我的全部。我现在工作的动力就是我的儿子。他那么天真无邪,我不能让他遭受父亲离开的打击。但是我真的好累好累。

方心老师,真希望您能告诉我该怎么办。哪怕您看见了不回复我也能理解,这个世界没有谁有义务帮助谁。如果您看了这封信,感谢您的耐心。

李安
2020 年 8 月 12 日

(中)

那天晚上我读了李安的这封信,心中感到很难过,也十分心疼他。我吃完晚饭之后,给他回了信。

李安:

谢谢你的信任,我收到了你的来信。

我从信里读到了你压抑着的愤怒、无助、担忧和悲伤。你做得很好,你可以将自己真实的想法都倾诉出来,这对于你而言是一件非常好的事情。不然那些压抑的负面情绪就会像滚雪球一般越滚越大,最后将自己吞没。

我通过信能看出你是一个很有责任心、很善良的父亲,你的孩子很幸运。有一个疼爱自己的父亲相伴,孩子是幸福的。而奶奶对孩子的影响是有限的，这方面的担忧，你可以暂时先放下。

我了解到你现在住在母亲家是权宜之计，目标是存钱有自己的小家，这个计划很棒。虽然母亲现在让你很不开心，但是也成为你努力的动力，从某种角度来说，她的存在是有价值的。只不过你更希望她的存在为你提供正面的价值。我理解，这个世界上哪个孩子不希望母亲对自己宽爱一些呢？

你的母亲似乎在你小时候就很喜欢抱怨，抱怨的内容都是伤害你自尊心的言语，这让你感到崩溃。你当然会感到崩溃，因为这属于精神暴力。她喜欢骂人这一点真的需要纠正。最好的方法是让她知道再骂下去可能会失去什么。她在乎什么，可以与之交涉。她在你父亲去世之后，最害怕的是孤独。你便提醒她，如果她再骂下去，你和孩子未来可能不会来看她。当然，这些话需要你很冷静地说出来，如果你和她对骂，是起不到任何效果的。

说到抱怨，如果抱怨没有恶化为你母亲这样的人身攻击，也是一种沟通方式。我们可以从中看到人真正想要的是什么。我们抱怨一切，其实是因为我们想得到它们。在我们抱怨的时候，内心其实是在表达自己想要什么。

所以，如果我们想了解自己，只需要留意自己在抱怨什么。比如，你希望母亲是慈爱的，你会抱怨她恶毒的言语。比如，你希望有自己的家，能更加自由、舒心，你会抱怨在母亲家过得压抑。

反过来，母亲一直抱怨我们对她不好，其实是希望我们可以更关心她。而我们仅仅以为她在抱怨我们是很糟糕的人，其实不

看得见的心理成长
如何掌控情绪，发现自我

是，她只是希望儿子关爱她。她只是一个年迈的希望儿子关爱自己又不懂如何表达的老人。所以，我相信她的出发点不是伤害你，而是希望你对她的付出感到内疚和亏欠，从而对她更好一些。有的母亲的确不会表达。其实她希望你能对她感恩，希望你能看到她的不容易，多心疼她。但是，显然她的方式是不合适的，而且一次次地伤害了你的心。

从心理学的角度来看，如果父母希望孩子感恩，用的方式不对，换来的可能是孩子的恨。所以希望你可以吸取经验教训，在教育儿子方面，多肯定儿子的优点，多看儿子好的部分。相对母亲的做法，要反其道而行之。

我们常常不懂得如何抒发情感，认为抱怨会让我们看起来更有力量，其实不然。直抒胸臆，比抱怨更有力量，也更能获得好人缘。这是你母亲需要的。也许一个人活到这个岁数，要改变并非易事，但是可以提醒她：如果你们继续敌对下去，大家日子都过得痛苦，如果一起改变，才能有好日子过。

不要小瞧一个母亲对孩子的在乎，只要你郑重地对她说，她是会发生改变的。

毕竟，这也是你心底希望的，不然你也不会写这封信了。表面上看起来你想放弃母亲，其实你比谁都在乎她。

因为我从信中看出你是一个多么重情重义的人啊！

我还在信中看到你的另一个需求，那就是你希望前妻回到你身边。现在最好的办法是等母亲和你的关系缓和，你请她登门向你前妻道歉，你们的夫妻关系也会迎来一个很好的重新开始的机会。

我相信，你会拥有你真正想要的生活，因为我从这封信中看到你有很多的希望。你不需要离开世界，因为这些希望能将你带到你真正想去的地方。

人生苦短，草木一秋，人总有一死，活着的时候将人生过好，便是我们存在的意义。

看见你想要的，并行动起来。

1. 独立，而非受制于母亲。储蓄更多的钱，有个自己的家。

2. 化解和母亲之间的矛盾，阻止她伤害你的自尊心和价值。

3. 孩子能够健康快乐地成长，不要重蹈覆辙。

4. 前妻能够理解你原生家庭的问题，可以将对你的看法和对你母亲的看法分离开来，回到你身边，回到孩子身边。

5. 过上让自己舒心、满意的生活。

祝福你

方心

2020年8月12日

（下）

如果我们想知道自己想要什么，不妨给自己写封信。这封信可以大方地抱怨生活中让自己不满意的地方。从抱怨的内容，我们便能看出自己想要的是什么。因为人往往会希望得到自己想要的，得不到时会为了避免自己受伤害，开始抱怨。抱怨人人都会，但不一定知道如何分析。

看得见的心理成长
如何掌控情绪,发现自我

抱怨的几大要素:

(1)抱怨的主题。

(2)感到受伤的部分。

(3)自己希望的样子。

(4)你打算怎样做。

例如:一个人抱怨空气质量不好,使自己没有健康的身体,其实是希望自己生活的自然环境更好一些。

分析:想要的是洁净的空气。如果客观环境无法满足自己,可以尝试去大自然中走走。

这种抱怨可以理解为现在大家常说的"吐槽"。现在,请你写一封"吐槽信"。然后按照我上面的分析方式,分析一下你到底想要什么。

吐槽信:

_____
_____
_____
_____
_____
_____
_____

自我分析:

_____

下篇
掌控内心

CHAPTER 8　爱着·活着

悦纳自己：每个人的情绪和情感都是动态的

（上）

人的情绪和情感一直是很奇妙的存在。情绪和情感像是相伴的好姐妹，从不分离。

佛教哲学谈论人生七苦：生、老、病、死、爱憎会、怨别离、求不得。这些苦也能说明人类是勇敢的、尽兴的、向死而生的，所以在生命的过程中能那般无所畏惧。

（中）

下面有个有意思的心理游戏，可以帮助你了解自己的情绪波动。在做游戏之前，你需要闭上眼睛，放松身体。等你准备好了，你可以睁开眼睛，玩这个游戏了。

这个游戏需要你记录每一个过程中的情绪，用一个词描述你的感受。

游戏开始　　　　　　　　　　　　**你的情绪和感受**

（1）你通过努力获得了一个奖项。　　　　　（　）

（2）你发现这个奖项只是个安慰奖。　　　　（　）

（3）你发现这个安慰奖对于你找到高薪的工作有帮助。（　）

（4）你去面试的时候发现这家企业不看重这个奖。　（　）

（5）你发现自己多年前的一个经历帮你赢得了这份工作。

　　　　　　　　　　　　　　　　　　　　（　）

（6）你发现上班之后这份工作没你想的那么好。　（　）

（7）你发现坚持一段时间之后，这份工作有个升职的机会。

　　　　　　　　　　　　　　　　　　　　（　）

（8）你发现升职之后，你爱上了这份工作。　（　）

（8）你升职之后，需要去国外出差，和恋爱对象分离一段时间。　　　　　　　　　　　　　　　　（　）

（10）你选择去国外追求职场上的更多可能性。　（　）

（11）你孤身在国外，格外思念恋爱对象，而对方已经不再留恋这段关系。　　　　　　　　　　　　（　）

（12）你只好把国外的事情安排好，回到国内，想看你们是否还有可能。　　　　　　　　　　　　　（　）

（13）你发现对方已经结婚了。　　　　　　（　）

（14）原来对方并没有结婚，而是在等你回来。　（　）

（15）你和对方又在一起了。　　　　　　　（　）

（下）

从以上的游戏我们可以看出，情绪和情感是动态变化的。情

看得见的心理成长
如何掌控情绪，发现自我

绪和情感没有对错之分，无论哪种情绪和情感，都能体现出我们内在的需求和愿望。无论哪种情绪和情感的体验，都有一定的作用，来帮我们更好地看清自己。人的一生不可能一直保持同一种情绪和情感。心理学认为情绪和情感可以从四个维度来看。

1. 是否实现自己当下的需求？

如果实现了当下的需求，我们的情绪和情感是积极乐观的，会更有动力去做这件事。如果实现自己的需求受到阻碍，我们的情绪和情感是消极悲观的，做这件事的动力便会降低。比如，一个员工一年兢兢业业，不仅做好分内之事，还为公司的新项目出了不少力，内心希望年底老板能给自己多发点奖金来肯定自己的努力。如果老板看到这个员工的付出，员工自然有动力为公司付出更多努力。如果老板没有看到这个员工的付出，员工自然不愿意像之前那般拼命。

2. 是否事发突然？

如果事发突然，又是一件很大的好事情降临到自己身上，自然是欣喜的。如果是一件稀松平常的好事，也许我们的反应会比较平静。比如，一个乞丐，长期饥饿，突然吃到了一笼肉包子，必然欢呼雀跃，将其看作美味佳肴。但若是一个从小吃遍山珍海味的人，往往容易食不甘味，吃到什么好吃的，都觉得不过如此，不太能获得食物带来的快乐。

3. 我们当时处于怎样的情境？

在不同的情境之下，我们情绪和情感的强度是不一样的。比如，他人误会我们，我们会生气；但因误会受到一群人的排挤，我们会感到愤怒；受到排挤之后，还被羞辱，我们会暴怒。再如，他人信任我们，我们会高兴；因为信任我们得到了许多很好的机会，我们会欢喜；得到很好的机会之后，提升了自己的能力，又获得了更多的机会，我们会大喜过望。

4. 这件事的重要程度如何？

人的一生不可能一直保持紧张或者放松的状态，相应的情绪也不会一直存在，而会在不同的时期交替产生。比如，一个刚毕业的学生参加面试，面试前很紧张，但是面试通过之后，他便感觉很放松。再如，一个男孩打算向一个心仪的女孩告白，告白前很紧张，告白成功后，他便感到很放松。

心理游戏：如果你有一盏神灯，你希望未来变成什么样子？

如果你有一盏神灯，你希望未来变成什么样子？这个问题在咨询中提出来，会让咨询氛围变得有趣。

许多来访者第一次听到这个问题的时候，都会不自觉地发笑，觉得这个问题不太符合实际，只不过是白日梦。但是这个问题十分有意义，可以帮我们探索自己内心真正期待的事情。人一生很长的时间都在为内心期待的理想化自我而奋斗，以我自己为例，过去许多年我是为自己的家族荣誉而活，我希望可以做很多让父母引以为荣的事情。这个期待决定了很长一段时间我只关注与"家族荣誉"相关的点点滴滴，那个时候我的内在世界看不见其他的活法。

　　大多数人的一生都在追求理想化的自己，很多时候用"期待"替换了"希望"，本末倒置。这个游戏的正确玩法是：先看清自己的期待，而后将期待变成希望，这样我们便可以更加释然地前行。

（上）

　　在游戏开始之前，我们先看一个示范版本。关于这个问题，共有6类答案被选择最多，我将这6类答案列了出来。

　　问：如果你有一盏神灯，你期待未来变成什么样子？

　　答案：

　　（1）财富：期待变成富有的人。

　　（2）健康：期待自己能一直健康。

　　（3）尊重：期待所有人都尊重自己。

　　（4）爱情：期待一生一世一双人，彼此不离不弃。

　　（5）能力：期待成为厉害的人。

　　（6）心境：期待自己能不在乎任何人的看法。

（中）

　　从以上的答案可以看出，这些期待都是理想化的自我形象，而这些理想化的自我通常是难以实现的。在追求理想化的自我时，一旦出现任何与其相冲突的情况，我们便会陷入痛苦，变得焦虑不安。要么开始产生自罪感，要么开始回避社会交往，要么感慨生不逢时。我们要做的是放弃"期待"，将期待变成"希望"。希望不是盲目乐观,而是无论结果发生或不发生,我们都是"能够接纳"的心理状态。

如果将期待变成希望,我们要如何调整答案?

问:如果你有一盏神灯,你希望未来变成什么样子?

答:

(1)财富:希望变成富有的人,如果实现了我会很开心,如果不能实现,也没关系。

(2)健康:希望自己能一直健康,如果实现了我会很开心,如果不能实现,也没关系。

(3)尊重:希望所有人都尊重自己,如果实现了我会很开心,如果不能实现,也没关系。

(4)爱情:希望一生一世一双人,如果实现了我会很开心,如果不能实现,也没关系。

(5)能力:希望成为厉害的人,如果实现了我会很开心,如果不能实现,也没关系。

(6)心境:希望不在乎任何人的看法,如果实现了我会很开心,如果不能实现,也没关系。

(下)

这个游戏会让我们体验一个心理松绑的过程。我们从小有许多希望化为了泡影,于是不敢再抱有希望。其实,那些成为泡影的希望只不过是"期待"的代名词。真正的希望是善意的,不会反过来让自己感觉受伤的。让我们内心失望的往往是期待落空,而不是希望未能实现。希望是一件很美妙的事情，我们此后的人生依然可以心怀希望，只不过需要用一种全新的方式与希望相处，即放下"期待"。保持一种心理状态：希望心中所想能实现，实现了会很开心，但是不实现也没有关系。

保持这种心态，我们希望的事情往往会带给自己意想不到的惊喜。

下面请你尝试玩玩这个心理游戏：如果你有一盏神灯，你希望未来变成什么样子？

写出你这么多年"期待"的事情，然后将它们转化为"希望"吧！

1.你心中的期待是什么？至少写出5个。

_____

_____

_____

_____

2.将你的期待转化为希望。

以"尊重"为例：

（1）关于期待：我期待所有人都尊重自己。如果实现不了，我会很难受。

_____

_____

（2）变成希望：我希望所有人都尊重自己，如果实现了我会很开心，如果不能实现，也没关系。

3. 期待转化为希望后的行动方案。

为了将期待转化为希望，只靠想是不能解决问题的，关键在于行动，为此你必须制订一套切实可行的计划。

角色切换游戏：生活可以很简单

（上）

我们每个人都有不同的角色：自己、妻子或者丈夫，母亲或者父亲，孩子，朋友，职场人，陌生人……

一个人对自己的每一个角色都定位清晰，才能自由切换不同的角色，并在不同的角色中如鱼得水。反过来，角色混乱会出现很多困扰。我们需要处理好和自己的关系，同时平衡自己和不同的角色之间的关系，确保它们是和谐的。

（中）

（根据心理咨询的保密原则，以下案例已经作了化名处理，并进行了相应的改编。）

小夏，女，36岁。

小夏是一个单身妈妈，离异后带着8岁的儿子，开了一家餐厅。她的症状是失眠、焦虑、惊恐。

以下是她的自述：

现在我一个人带着孩子，前夫很少来看望孩子。孩子十分想念他的爸爸，经常问我为什么爸爸不来看他。每当他这么问时，我感到十分难过。到了晚上我开始失眠，整夜睡不着。

我想着我的处境十分糟糕。

当他背叛我之后，我们闹得不可开交。几年过去了，现在我还没有缓过来，还要担心孩子对他的需要。我不想看见他，又希望看见他。不想看见是因为恨，想看见是因为孩子。我很纠结，到底该怎么办？我现在没有心思开店，但又不得不赚钱来抚养孩子。这两年实体经济受到了很大的打击，生意也没有以前好。我整天想着这些事。担心孩子要爸爸，担心孩子在学校里自卑，担心我不能给孩子完整的爱，担心我没有经济来源，担心、担心，还是担心……请问我该怎么办？

因为离婚，小夏非常自责，觉得自己不是一个合格的母亲，她凡事力求完美，破碎的婚姻让她觉得对孩子亏欠太多，以致更想为孩子做些什么。而要求前夫多看望孩子，似乎是她目前唯一能做的了，至少能给孩子一些精神慰藉。

做满分母亲，让她很累。她时刻担心孩子伤心难过，都没有时间留给自己。她时刻在意前夫的时间安排，希望他能第一时间出现在孩子身边。于是，她累了。

我给她的建议是：

孩子方面，只做60分的母亲，因为世界上没有完美的母亲。

生意方面，她过去做得不错，但是没有及时转型，她需要结合线上经营的方式。

她要尽量在做好母亲的前提下，不要忘了自己还有独立属于自己的角色，也需要关心自己的感受，给自己一点空间喘息，才能有更多的能量守护孩子。

看得见的心理成长
如何掌控情绪，发现自我

对于母亲的角色，她尽力就好。她只能保证自己做一个好母亲，却不能保证前夫一定能做一个时刻陪在孩子身边的父亲。因为一个离婚的男人在心理上对孩子也有很大的亏欠感。他的心理防御机制是逃避看望，因为他不知道如何排解自己不在孩子身边的内疚。

这一点，她可以和前夫好好聊聊，比如："虽然我们离婚了，但我们还是孩子的父母。好的离婚比好的结婚更重要，虽然我们离婚了，但我希望孩子能快乐健康地成长，这需要我们合作。我过分强求，你过分逃避，最后对孩子都会造成伤害。"

在孩子那边，她可以告诉孩子："爸爸虽然很忙，但是有空会来陪你。不管爸爸有没有时间陪你，妈妈都会一直陪在你身边。"

她不要在孩子面前指责孩子的父亲，否则对于孩子来说，会是一个很大的打击。离异家庭如何处理亲子关系是一个很大的课题，需要慢慢来，她需要对自己有更多的耐心。

我经常发现，如果过错方是男方，离异后带着孩子的女方往往会以毁灭父亲在孩子心中的形象作为报复的手段来惩罚男方。但是让孩子作为母亲情绪的承接者，对孩子幼小的心灵会是很大的打击。这种情况下，孩子往往会认为自己的存在是一个错误，是导致父母分开的原因，不断怀疑自己的价值。孩子在成长的过程中会出现抑郁、焦虑的症状，这样的案例不在少数。

我不是说让受伤的一方默默承受恨与怨，而是我们需要接受已经发生的事实，离婚也不代表未来生活会黯淡无光。一个女人离婚可能是一个为自己而活的新机会。如果沉浸在过去的创伤之中，相当于错失了为自己再活一次的机会。

心理咨询师的目的是帮助她回到被自己忽视的感受中。因为离婚之后，她自己的感情还没有得到处理，就将全部的感情投到孩子身上，好像捂着自己滴着血的伤口去帮助别人一样，带着这样的状态往往生活质量不高。我的咨询目标是将她的情绪问题梳理一遍，让她接受眼前已经离婚的处境，逐渐适应新的生活，并在新的生活中找到积极的意义。

（下）

母爱是非常重要的，是孩子善良的源泉。但是从社会分配利益来说，鼓励女性照料孩子，是为了给男性争取更多的时间取得成就，帮助其逃避角色突然从男孩转变为父亲。

父爱对于孩子而言是非常重要的，能让孩子增加安全感。安全感是非常重要的，在第四章已经充分说明，此处不再赘述。

离婚的双方需要意识到离婚是两个成年人的决定，需要将对孩子的伤害降到最低，还需要明白离婚离的是夫妻关系，不是抹杀自己作为父亲或母亲的角色，也不要将两个成年人的恩怨转移到孩子身上。

同时，作为一个独立的个体，我们需要将自己的角色分配好，使每个部分和谐。比如案例中的小夏，她需要看见自己不同角色的不同需求。

自己的角色：一个36岁、希望人生过得更美好的女人。

伴侣的角色：暂时消失的角色。但是她依然会有属于自己的情感。

母亲的角色：她在尽心尽力地照顾孩子，希望给孩子更好的生活，为孩子树立坚强的榜样。

孩子的角色：父母已经老去，她希望父母可以安享晚年。

朋友的角色：有几个朋友关心她，但是现在联系也少了。

餐厅老板的角色：她希望生意可以好起来，让自己更有安全感。希望可以转型成功，收益增加，请更多的员工，从而有更多的时间留给自己。

咨询后，我请小夏在不同的社会情境下专注于当前的角色。比如独处的时候，她回到了自己的角色；和孩子在一起的时候，她就是一个母亲的角色；和父母在一起的时候，她就是一个孩子的角色；和朋友在一起的时候，她就是一个朋友的角色；在餐厅工作的时候，她是一个老板的角色；等等。我请她灵活地切换自己的角色，不让其中某一个角色占据生活的全部。

她让我感到惊喜的部分是，她自己灵活切换角色，有了自己的收获后，将这种方法教给了孩子。她请孩子切换自己、孩子、学生、同学、朋友的角色。孩子分配了不同的角色后，感到学习和生活轻松了很多。因为自从父母离婚之后，孩子在很努力地做妈妈的孩子，希望妈妈为自己的懂事而开心，小小年纪就活得像个小大人，少了孩子的天真和活泼。

她也请前夫切换角色，当陪伴孩子的时候，从职场人和其他社会角色中抽离出来，回到父亲的角色。她告诉我，这是她第一次感受到，他们离婚之后反而比在婚姻里关系更好。

如今这个时代，很多人都活得很焦虑，因为我们将太多的角色混在了一起，在工作的时候想到自己还没有休息；在休息的时候想到自己还没有工作；在陪伴孩子的时候想到自己还有许多事情没有做；在做其他事情的时候想到自己陪伴孩子的时间不够。这样在内疚、自责、恐惧中循环，反而没有享受当下的那个角色，不停地追着下一个角色在奔跑，何其辛苦。

下面请你做一个角色切换训练。

训练方式：你需要在阅读以下部分的时候，在每一个部分做出停顿，并结合自己过去的生活方式，有意识地将自己的几个角色分开看待。

1. **自己的角色**：此刻，在阅读的是你自己。
2. **伴侣的角色**：与爱人在一起的时候，你是伴侣。
3. **父母的角色**：与孩子在一起的时候，你是父亲或者母亲。
4. **孩子的角色**：与父母在一起的时候，你是孩子。
5. **职场人的角色**：工作的时候，你是一个职场人。
6. **朋友的角色**：与朋友在一起的时候，你是一个朋友。
7. **陌生人的角色**：与陌生人打交道的时候，你是一个陌生人。

希望你在未来的生活中，能灵活地切换自己的角色，让自己在这一生中丰富体验不同的角色，减轻压力，轻松前行。

表达游戏:"你好,其实我是一个诗人"

(上)

我坐在我心灵的爱恋者身旁,听着她的诉说。

我默然无语,静静地倾听着。

我感到在她的声音里有一股令我心灵为之震撼的力量。

那电击般的震撼,将我与自己分离,于是我的心飞向无垠的太空,在那里畅游。

它看到世界是梦,而躯体是狭窄的囚室。

一种奇异的魔力,汇入我爱人的声音之中,它随心所欲地支配我的情感。

因着那让我满足于无言的魔力,我竟疏淡了她的语言。

这是诗人纪伯伦在《沙与沫》中一段对音乐的赞歌。字里行间流露出诗人的陶醉,更重要的是,它抒发了诗人内心深处想要触及的部分。诗人总是善于发掘内心的真实感受,再用艺术家的视角将它美丽地诠释出来。

心理学家马斯洛曾说过:"研究自己的内心深处,也是在研究人类的内心深处。"

这样也就不难理解为什么诗人的诗句总是能引起人的共鸣,传唱不衰。因为,诗人的内心深处也是世人的内心深处,最个人的也是最普遍的。

（中）

我们懂了自己，也就懂了他人。

正如诗人纪伯伦所言："心灵如同明镜，立于世上各种事件和各个行为者面前，反映出那些倩影和那些幻象的画面。"

生活的色彩是丰富的。我们看到的世界是我们内心的投射，也就是诗人所说的幻象。我们如果希望生活是美好的，就需要多去体验和关注那些打动我们的瞬间，并将它们细心收藏。然后，不停地去发现生活中的美好，有意识地让自己的人生变得明亮起来。反之，如果我们关注的都是丑陋的事件，我们便会生活得十分痛苦。

知繁华，择清幽。

我们知道生活有很多不如意的地方，但是我们可以选择自己关注的是什么。我们拥有选择权，我们可以决定自己的人生是何种色调，因为我们才是谱写自己人生诗篇的诗人，是完成人生这幅画的画家。

近来，看见美丽动人的风景，总会让我湿了眼眶。这份触动，让我重新审视生命。

这几年我都是遵循朴素的价值观来生活：真诚、善良。这种方式使我的生活从迷茫中超脱出来，是很重要的法宝。

但是，仅仅如此还不够。

凭借真诚和善良的确能够体验生命的价值，但还需要一种非常重要的调味料：发现美，感受美，体验生活的意义。

看得见的心理成长
如何掌控情绪，发现自我

真诚和善良是智慧，但美是乐趣。而生活往往需要乐趣，不然陷入贫乏，索然无味，会滋生烦恼。

（下）

每个人都是诗人，每个人都是普通人。职业的诗人和我们不同的地方在于，他经过了长期的训练，能够在第一时间捕捉生活中的美。

什么是美？

那些美丽的心灵，美丽的风景，触动自己的艺术（如画作、音乐、文学作品等），以及正在欣赏美的自己。

但即便是欣赏美，也需要前提要素，即清空心中错综复杂的念头。不然即便是再美好的事物，我们也难以为之动容，自然难以体验到生活的乐趣。

如何清空杂念？

在欣赏美的时候，关注眼前美好事物的每一个细节，感受周围环境的温度，体验内在的情绪变化，让自己短暂地忘记明天，忘记自己身处何处，今夕是何年。

这个时候，感动会由内而外产生，然后去感谢这种情感，因为它是心灵良药，能治愈生活的苦。

下面是我经历过或正在经历的几件我认为很美的事情。

1.在小学的时候，我放学回家，那个时候我的母亲还没有生病，也没有中风偏瘫。她看见我回来，从邻居家飞奔回家，身体灵活，像一只快乐的鸟儿。那个时候的她，会欣快地对我说：

"我闺女回来了，妈妈给你准备了肉丝面，可好吃了。我算好了时间，你差不多现在回家，所以面是热腾腾的哦。"

2.有时候，我会想起我在少女时代的三个好朋友。如今我已经三十多岁了，但是对于她们三个，我总是思念不已。我现在能很清晰地记得她们的名字。她们在我成长路上的不同时期出现。她们温柔、善良、细腻，既有内向的一面又有活泼的一面。当时我们互相欣赏，互相心疼，那种关系何其美妙。也许，我在想念她们的时候，她们也在想念我。但是我们无法取得联系，想到此处，我的思念越发浓烈。

3.那天，我和我的先生休假宅在家里，他指着窗外的太阳，对我说："老婆，你快看，今天的太阳是白色的。"我看向窗外，发现果真如此。白色的太阳悬挂在天上，周围的云彩变得朦胧虚幻，似乎一切不可预知的未来在那一刻变得不再重要。那一刻，我觉得生活是诗意的，婚姻是美好的。

4.在我写作的时候，每当我有一个非常打动我的灵感，我会十分感动，那种类似于福流的东西，使我内心雀跃，热泪盈眶。在我做咨询的时候，我发现两颗心灵的相遇，会产生奇妙的疗愈能力，那一刻，我感觉我们都是幸福的。

5.现在的我每天在阳台边上的写字台办公，能看见隔壁小区某一栋楼的楼顶，有人在放鸽子。那个人每天在固定的时刻摇着红色的旗子发出指令，那群鸽子会随着他的指令，在空中成群飞舞、盘旋。我的三只猫看到这个情景，会跟着鸽子的飞行轨迹，摇头晃脑。看到它们的模样，我总会情不自禁地笑出声。那一刻，我感觉很放松，生活充满趣味。

我们往往以为表达是对他人而言的，但是我们更多的时候是与自己相伴，那么对自己呈现真情实感，就是一件非常有意义的事情，因为这样你才能将自己内化的感受外显。

下面请你来玩一个表达游戏，重新审视生活，写下生活中让你感到美的5件事，抒发自己柔软美好的内在情绪。这个游戏的目的在于提醒我们情绪也有好的一面。

1. _____
2. _____
3. _____
4. _____
5. _____

幸福的15种工具

这本个人成长方面的心理学图书已经接近尾声，最后为大家梳理常用的15种幸福的工具。有些工具已经在前文详细介绍过，有些则在此处补充介绍。持续使用这些工具，能够有效地提升你的正向情绪、对生活的满意度、自我价值感、生命的意义感以及幸福感。

1. 每天坚持记录生活中让自己感到愉快的5件事

记录生活中积极的事，并说明这些事发生的原因，这个方法来自积极心理学。长期训练，有助于你发现生活中的积极资源，是抵御抑郁情绪的心理良药。没有抑郁情绪的人，通过此种方法能够加强自我认同感，获得更多的积极情绪。

2. 接纳自己的身心状态

接纳自己的身心状态，是学习心理学的基本功，就好像学习武术的人练扎马步一样。接纳自己的身心状态在第三章已详细介绍过。一个人如果不能接纳自己的身心状态，会产生许多自卑的情绪，并且会坚信他人也不接纳自己。只有自我接纳，才能接纳他人。对自己全身心地接纳，有助于提高心理健康水平，增强自我认同感。

3. 多角度看问题

多角度看问题，在第七章有详细的介绍。多角度看问题来自认知心理学。长期训练有助于你提升心理张力和心理弹性，遇事不仅仅考虑最坏的打算，是一个降低焦虑的好办法。焦虑情绪在适度范围内的人，通过此种方法能够提升工作效率，获得更多自我肯定的体验。

4. 放下比较

我们生活在社会中，从小经历着各种比较。适度的比较能够增加我们的动力，但是过度的比较会让我们产生不平衡的心理状态，使生活处于一个失衡的状态。你嫉妒一个人，另一个人也在嫉妒你。嫉妒没有意义，只不过是自寻烦恼，不如多关注如何使自己的生活过得更好。还有一种比较是与过去的自己比较，认为自己不如过去，所以煎熬。但是大可不必如此。无论是与他人比较，还是与自己比较，都是没有意义的。

5. 不在乎他人的眼光

关于"他人的眼光"这个命题，我常常会举一个例子。苏格拉底在传道授业的时候，经常会被一些诡辩家称为诡辩家。有一天，苏格拉底的一个学生急匆匆地来告诉苏格拉底："尊敬的老师，隔壁广场上有人在说您坏话，言语不堪入耳，您看看怎么办？"苏格拉底笑了笑，说："他说的不是我。"

我们有时候很在乎他人的议论，甚至有时候为此失眠。殊不知，他人在不了解我们的情况下，无论说什么，说的只不过是他想象中的我们而已。就像苏格拉底说的，那个人说的不是（真实的）自己。既然不是真实的自己，又有什么关系呢？

6. 面对逆境，提升逆商

放弃期待，对于逆境是一种预防的心理机制，好似上了一道安全锁。关于期待转化为希望，前面已介绍，在此不再赘述。面对逆境我们难免会自我怀疑，那么这个时候我们需要接受已经发生的事实，同时允许变化发生，并告诉自己这只是人生的一个阶段而已。我们虽然遇到了逆境，但是不代表我们不够好。我们需要多尝试将自己抽离出来，从一生的视角看现在的处境，会发现现在不过是人生路上的一段经历，并没有那么可怕。

7. 对自己多一些耐心

人，最难得的是对自己有耐心。一个人对自己有耐心比对自己有信心，更重要。有时候我们设定一个远大的目标，却希望马上可以实现，于是产生了强烈的焦虑感，甚至出现躯体化的情况。这是得不偿失的。我们的目标是更好地服务自己的生活，而不是让自己在接近目标的过程中遍体鳞伤。我很喜欢一句话："在我们接近自己目标的过程中，已经收获了我们想要的一切。"

8. 在一定的限度内拥有相对的自由

这个世界上不存在绝对的自由，就好比我们生活在银河系中，现在没有技术可以让我们离开。我们生活在世界上的某个国家，就需要遵守这个国家的法规制度，如果违反，进了监狱，便不可能谈什么自由。所以说自由是有先决条件和限度的。只要我们不触犯法律，不伤害自己和他人，在善良、正直的前提下，可以自由行动，如此一来，我们便拥有相对的自由。

9. 掌握适度原则

哲学家亚里士多德提出的适度原则和我国的中庸之道很相似。适度原则提倡人在适度的范围做自己。比如一个吝啬、奢侈的人，我们不会喜欢。但是一个节俭、大方的人，我们会很喜欢。因为前者过度，后者适度。拥有适度原则的人，心理弹性往往很好。因为处于适度地带，我们有许多上升和下沉的空间，这是任何一个极端都不具备的。

10. 在知足常乐的基础上持续完善自己

在知足常乐的基础上完善自己，是哲学家蒙田提出的。这个观点适用于人在前行的路上，让自己感到快乐。努力不一定是辛苦的，也可以是欢欣愉快的，但前提是我们需要多看见自己拥有的、已获得的，然后再持续探索，完善自己。这样我们既能有满足感，又能有成就感，还能不断发掘自己的潜力。

11. 尽情体验生命

生老病死，是人生的常态。我们一生在不停地追求物质的满足，但是不要为了追逐功利，而忘了自己的初心，即好好体验生命。试想一下，如果我们垂垂老矣，躺在病床上，回忆的是自己这一生不停地赚钱，而不是自己尽情体验爱恨情仇、欣赏山川河流，还是挺可惜的。我们需要均衡自己不同的需求，让自己的人生追求多元化，不仅仅局限于物质的满足，才能尽情体验生命的缤纷多彩。

12. 劳逸结合

劳逸结合，说起来简单，做起来难。许多人要么过于"劳"，要么过于"逸"，这样都会让人失去心理弹性。不会玩的人，工作也不见得可以做得多好。会玩的人，生活和工作可能更具有创造性。为什么许多大型比赛前，都会安排选手好好放松，就是因为放松之后会发挥得更好。

13. 助人

有研究表明，经常助人的人，心理健康水平高于平均水平。所以，助人看起来受帮助的是他人，其实受益还有我们自己。在能力范围内，多做一些助人的事情，能增强生命的意义感。如果我们能力有限，可以从"颜施"开始，给身边的人包括陌生人一个笑脸，这也是助人。助人的对象可以是亲人，比如赞美亲人身上的优点。能力更强一些的人，可以资助社会上需要帮助的群体。助人无关大小，举手之劳，笑面以对，都是很好的助人形式。

14. 提高爱与被爱的能力

关系是互相的。关心在乎自己、自己在乎的人，能够使我们感到幸福。每个人都有爱与被爱的需要，长期单方面的索取和长期单方面的付出都会使一段关系陷入困境。研究表明，互相关心的关系、互助互爱的关系更长久，更健康，双方的满意度更高，对关系更加信任，双方也更愿意保持这份关系。

15. 发现美，欣赏美

如何发现美和欣赏美，上一节已介绍，这里不再赘述。发现美和欣赏美，能提高我们生命的质量，能让自己活得更加生动有趣。人生就像一段旅程，保持前行，保持有趣，才会让这段旅程变得丰富多彩。

图书在版编目(CIP)数据

看得见的心理成长：如何掌控情绪，发现自我 / 方心著. —北京：中国法制出版社，2021.10
ISBN 978-7-5216-2139-6

Ⅰ.①看… Ⅱ.①方… Ⅲ.①情绪—自我控制—通俗读物 Ⅳ.①B842.6-49

中国版本图书馆CIP数据核字（2021）第176759号

策划编辑：杨　智（yangzhibnulaw@126.com）
责任编辑：王　悦（wangyuefzs@163.com）　　　　封面设计：汪要军

看得见的心理成长：如何掌控情绪，发现自我
KAN DE JIAN DE XINLI CHENGZHANG: RUHE ZHANGKONG QINGXU, FAXIAN ZIWO

著者／方　心
经销／新华书店
印刷／三河市国英印务有限公司
开本／880毫米×1230毫米　32开　　　　印张／7.5　字数／154千
版次／2021年10月第1版　　　　　　　　2021年10月第1次印刷

中国法制出版社出版
书号 ISBN 978-7-5216-2139-6　　　　　　　　　　定价：39.80元

北京市西城区西便门西里甲16号西便门办公区
邮政编码：100053　　　　　　　　　　　　传真：010-63141852
网址：http://www.zgfzs.com　　　　　　　　编辑部电话：010-63141831
市场营销部电话：010-63141612　　　　　　　印务部电话：010-63141606
（如有印装质量问题，请与本社印务部联系。）